小庭园景观设计

武文婷 张鑫磊 陈坦赞 著

中国水利水电出版社
www.waterpub.com.cn

前言

在钢筋混凝土构成的现代都市，生活节奏的日益加快、人与大自然的隔离，使人们对烦躁的城市生活感到紧张和厌倦，越来越多的人喜欢亲近大自然，追求人与自然和谐相处，向往着青山绿水的优美自然环境和新鲜空气，以躲避城市的喧闹和交通的繁忙。小庭园可以在某种程度上满足人们的这一需要，人们迫切地希望创造优美的庭园环境来丰富自己的精神和物质生活，小庭园景观日益受到重视。

小庭园景观是园林的延伸和微缩，是人类长期生活创造的结晶，是一门综合的景观艺术。庭园环境除了美化的功能外，还给人们观赏、休闲、运动等提供方便，使所在的庭园画中有画、景中有景、咫尺千里、余味无穷，为使用者提供优美、轻松、健康、舒心的环境。

本书分为基本理论阐述、特色实景案例分析、原创设计方案分析三部分。基本理论部分，主要阐述了庭园的相关概念、内涵、分类和发展历程、小庭园景观的空间构成元素和特征、小庭园景观设计原则和要点、小庭园景观要素设计、不同风格庭园的设计特点；特色实景案例分析部分，选择 12 个国内外小庭园的特色实景案例展开了分析；原创设计方案部分，选择了本书作者近年来主持和参与的 12 个各具特色和创意的小庭园景观设计方案进行分析。

本书的作者武文婷、张鑫磊、陈坦赞分别来自浙江工业大学、江苏省城市规划设计研究院、上海天桐园林有限公司，参加本书撰写工作的人员都是景观设计的一线教学人员和设计人员，具有较高的理论水平和丰富的设计实践经验。本书注重理论性、实用性和指导性，体系完整，内容丰富，案例新颖，图文并茂，尽量做到全面、详尽、典型，具有较强的参考性，本书可作为景观设计、园林绿化、环境艺术、城市规划、建筑设计等相关设计人员的参考用书，也可供广大群众在营造家居环境时阅读，还可供大中专院校相关专业师生教学参考。

本书在资料收集过程中，得到了吴彬彬、朱婷婷、钱滢、吴姿蓉、张凌霄等同学的大力协助，在此表示深深的感谢。

本书在编写过程中参考了大量的有关书籍和资料，在此向有关作者深表谢意。

由于时间仓促和编者水平有限，书中若有不妥之处，敬请广大读者批评指正并提出宝贵意见。

武文婷

2014 年 5 月

目录

小庭园景观设计
XIAOTINGYUAN JINGGUAN SHEJI

第1章 绪论

DIYIZHANG XULUN

1.1 庭园的概念、内涵和作用

建筑物前后左右或被建筑物包围的场地通称为庭或庭园。所谓庭园景观设计，就是在有限的庭园空间里，以花木、水石、禽鱼等表现手段，创造出视觉无尽的、具有自然和人文精神境界的景观环境，庭园又称庭院。

庭园景观是园林的延伸和微缩，是人类长期生活创造的结晶，是一门综合的景观艺术。庭园环境除了美化的功能外，还给人们观赏、休闲、运动等提供方便，使所在的庭园画中有画、景中有景、咫尺千里、余味无穷，为使用者提供优美、轻松、健康、舒心的环境。

1.2 庭园的分类

从使用者角度，庭园可分为私人庭园和公共庭园。前者小到自家的窗台、阳台、露台，大到别墅中的小花园；而后者则涉及到大楼的屋顶绿化、建筑中庭设计等多种景观场所。不管是私人庭园还是公共庭园，都是以人为使用对象，作为室内空间的延伸提供给人一个休闲娱乐的空间。

从总体布局角度，庭园可分为自然式庭园、规则式庭园、抽象式庭园和混合式庭园。**自然式庭园**以体现自然美和意境美为主，园路、植物、水景、山石、建筑小品等景观要素注重自然形式的表现。往往通过自然的植物群落设计和地形起伏处理，在形式上表现自然，将自然缩小后加以模仿运用到庭园里，多运用植物的自然姿态进行自然式造景，配置疏密有致。**规则式庭园**强调艺术造型美和视觉震撼，又称为西方式、几何式、轴线式或对称

公共庭园：饭店中庭（1）

式庭园等，园路、植物、水景、建筑小品、雕塑等景观要素注重几何形式的表现，往往以庭园主要建筑的轴线为景观中心轴线进行规则式对称布局。**抽象式庭园**又称为自由式、意象式或现代景观式，以体现自由意象和流动线条美为主，利用抽象艺术观念布局，形成自由有序、简洁流畅，具有强烈装饰效果的景观布局形式，能够给人们强烈的视觉感受。**混合式庭园**是综合以上几种庭园的特点进行景观布局，这种景观布局形式在现代庭园中运用较多。

从地域风格角度，庭园可分为中式庭园、日式庭园、东南亚式庭园、伊斯兰式庭园、地中海式庭园、法式庭园、美式庭园、英式庭园、德式庭园和现代式庭园等。

公共庭园：饭店中庭（2）

公共庭园：饭店中庭水上钢琴

私家庭园（1）

私家庭园（2）

自然式庭园

规则式庭园

1.3 庭园景观设计的发展历程

庭园是人们生活场景中重要的一部分，也是人们向往自然心愿的一个缩影。

中国的庭园文化最早可追溯到公元前 11 世纪之前，至西汉时期，园林体系已经初具雏形。而园林的功能也由早期的狩猎等农业功能逐步向游赏功能转变。随着园林文化的不断丰富和发展，到了明清时期，造园实践理论空前发展，技术水平日趋完善，皇家园林和私家园林的建制都达到了鼎盛时期。

西方庭园则起源于古埃及和古希腊。公元前 3000 年，尼罗河文明带来了世界史上最早的规则式园林；公元前 500 年，自由民主的古希腊则带来庭园文化的兴盛。较于东方讲求天人合一、师法自然的园林不同，西方的园林十分规则有序，充满理性。经古罗马时期、文艺复兴时期至 17 世纪下半叶的发展，西方庭园日趋完备。

东西方庭园文化源远流长，各具特色。终其原因，都是因为各异的地理环境、人文历史的不同造就了各有所长的园林景观。中国自古讲究人与自然的和谐与统一，人乃世间万物渺小一粟，因此庭园文化表现出小中见大、追求意境、仿效自然等特点。西方却更注重人工的美感，希望通过逻辑性、规则性来强调人较之自然的力量。

而到了 20 世纪 30 年代末，欧美国家、日本等国的庭园和景观设计交流日益频繁，景观风格从立体派转向极简主义。设计师从绘画、建筑等各个方面汲取灵感，创造出形式各样的景观，注重塑造空间特性，从三维空间刻画庭园景观，放弃延续依旧的中轴对称的格局，以不对称或多轴、对角线等灵活多变的方式变化塑造出新型的庭园景观。如今的庭园设计更具有多样性。

第 2 章 庭园景观的构成元素和特征

DIERZHANG TINGYUAN JINGGUAN DE
GOUCHENG YUANSU HE TEZHENG

2.1 庭园景观的构成元素

庭园景观由物质元素、文化元素、情感元素 3 种元素构成。

2.1.1 物质元素

物质元素主要包括建筑物、植物、山石、水体、雕塑、园路和铺地、景观设施等实体物质元素。

庭园喷水池效果图

别墅庭园效果图

庭园古建

庭园石景

庭园水景

儿童趣味雕塑

汀步园路

休憩廊架

2.1.2 文化元素

文化元素是指文化意境、历史文脉、精神内涵等要素通过物质因素在庭园景观中的表现。主要体现在景观小品文化、植物文化、风水文化三个方面。

石景和绿化的组合

（1）景观小品文化。

庭园中的景观小品及装饰物通常代表着一定的设计主题思想和地域文化风格的表达，有些还有着不同的寓意，从而成为景观文化表达的重要载体。例如，中国传统园林中铺地的“俗文化”是一大特色，人们为了讨好兆头，运用谐音、双关等手法，给铺地赋予吉祥的寓意:五只蝙蝠，围住正中的一个“寿”字，喻义“五福捧寿”，象征着主人生活的美满长寿；鹿、鹤、鱼这三种动物则包涵了陆地、天空和水中的一切生活空间，组成“禄寿有余”的意境。

（2）植物文化。

由于花木蕴涵着丰富的文化内涵，故在传统式庭园的景观设计中，设计师可以利用对植物文化的理解和涵养，通过对花木品种的选择与配置，将人格理想、情操节守等文化信息透露出来，借以表现、衬托景观主题。如桂与寿桃寓意为“贵寿无极”，柏与橘子合为“百事大吉”。

（3）风水文化。

风水是找寻建筑物吉祥地点的景观构成载体，在中国古典庭园选址和布局中特别重视风水文化。在庭园设计时，设计者要去其糟粕，取其精华，采取批判吸收的态度，综合业主需求、基地条件、植物生理生态特征等因素，将风水文化融于景观设计中，营造出“天人合一”的庭园景观。例如，陶渊明在《归园田居》中写道：“榆柳荫后檐，桃李罗堂前”，虽看似是迷信，但是却符合植物的客观生长规律，利于小气候的形成。

2.1.3 情感元素

“情感设计”是由美国心理学家唐纳·诺曼最早提出的，它是一种借助特定物质载体，以丰富主体内心体验，满足主体情感需求为目标的设计方法。人在使用空间时，与空间进行着不自觉的情感交流，从而获得喜怒哀乐等不同感受。在设计庭园景观时，需要把人对空间的真实感受作为设计的出发点，把情感作为景观的构成因素，将情感因素融合到设计的每个阶段，使之成为整体设计和设计元素布局的内在逻辑线，营造出一个可以诱发、引导、承载和调节人们情感的庭园环境，使人在庭园中的需求和活动变得更加丰富生动，充满活力，成为真正的“以人为本”的设计。

2.2 庭园景观的特征

2.2.1 精致性

“景观设计精致化”是指以特定的范围和时期、不同的群体及社会阶层和当前社会价值观念为背景，在考虑受众心理、文化素养及知识结构的基础上，创造出满足特定人群意趣、反映特定群体价值取向的精致景观。精致化强调创作过程的联系以及管理和施工上的精细，要求设计者能够使创意更具可操作性，并有加以实现的可行性。庭园景观设计时要重视每一个可能影响整体效果的因素，严格遵循尊重场地、尊重场地使用者的原则，使庭园能更好地为人们服务。

太湖石假山

2.2.2 空间延展性

庭园空间是室内空间和室外空间的过渡空间，既能与室内空间有机结合在一起，也可对室内的空间起到补充和调节作用，是室内空间向外的延展。庭园作为一种人为化的自然空间，供人们在其中观赏、聊天、散步、娱乐等，是室内功能上的延续和过渡。

庭园外围绿化示意

2.2.3 安全性

美国著名学者马斯洛在“人类5 个等级需求层次论”中提出，安全需求是仅次于衣食住行等生理需求的第二位基本需求。它包括生活有保障、不会失业、没有威胁人身安全的因素等。安全问题也是庭园景观设计中必须考虑的问题。庭园的安全感主要来自于庭园内在的安全因素和对外部侵犯因素的处理。内在的安全因素主要包括景观元素在被使用过程中的安全性，如水池、电路、园林小品、植物、道路等元素的安全系数；外来侵犯因素的处理主要包括对外来人员、动物等对庭园使用者干扰的处理。

2.2.4 专属性

人们与生俱来的领域感是一种本能行为，也是人们对所处环境最基本的心理要求。庭园在空间和心理上都属特定场所的特定使用者的领地，其所表现的领域感很强，给使用者带来一种自尊与归属感。使用者把个人的印记表露在庭园空间里，以此建立个性与特色。专属领域感强调使用者对庭园领地的掌控，对外来人员在该领域中的行为有控制的权利。

2.2.5 保健性

无论是从生理上还是心理上，庭园景观都具有一定的保健功能特征。例如，优美的庭园景观有助于人们舒缓紧张情绪，景观植物既能净化空气，又具有良好的保健作用和药用价值，鹅卵石铺地既美观又有保健按摩的功效，小型的健身器械不但可以用来锻炼身体，而且能给庭园增添活力。

第 3 章 小庭园景观设计原则

DISANZHANG XIAOTINGYUAN
JINGGUAN SHEJI YUANZE

3.1 多样与统一原则

多样统一是一切艺术领域中处理构图的最概括、最本质的原则，在庭园景观设计时也不例外。多样统一的原则用在庭园中所指的方面很多，例如形式与风格、造园材料、色彩、线条等，从整体到局部都要讲求多样统一，多样而不统一会使景观看上去杂乱无章，只统一而不多样，会使庭园看上去单调无味。只有把庭园中的各要素合理地组合在一起，才会产生协调有序的景观。要达到多样统一，可以从以下几点入手：先确定庭园的布局风格，庭园布局一般分为规则式、自然式、抽象式、混合式等风格，每种风格都有自己的特点和构成要素，可以在其中做合理性的变化，但是不可将不同的风格模式硬搬到一起，看上去不协调；园路的线形、材质、图案等也要遵循多样统一的规则，同一走向的铺装选择同一式样，这样既丰富了道路的变化，又能从整体上达到统一的效果；庭园小品、植物等要素只有相互协调、相辅相成，做到多样统一，才能成为园景的点睛之笔。

特色护栏

铁艺绿廊

转角照明和绿化

3.2 均衡与韵律原则

均衡又称平衡，是人对其视觉中心两侧及前方景物具有相等趣味与感觉的分量。如果前方是一对体量与质量相同的景物，如一对石狮或华表，即会产生平衡感。庭园的各构成要素的位置、形状、比例和质感等在视觉上要适宜，以取得“平衡”，构图的平衡可以使视觉稳定。庭园构成要素的体积、大小、高低、色彩和质感都可以影响平衡感。庭园设计中，常常会用到一些重的元素，如体积大的、质感粗糙、色彩强烈的元素，用较小的众多群体、精致的小品、轻快的颜色来搭配可以起到平衡视觉的作用，不会显得某一方面比较突兀。在庭园设计上还要充分利用人的视觉假象，如在近处的树比远处的体量稍大一些，会使庭园看起来比实际的大。

法式庭园绿化

在音乐或诗词中按一定的规律重复出现相近似的音韵即称为韵律。在庭园设计时，也有韵律的体现，如花带、台阶、栅栏、植物的重复且有变化的应用。体积、色彩、质感的重复而有变化的使用是产生韵律的原因。如用同种类型的木料做平台、花架、围栏可以使庭园中的材质统一，但同时也有形态上的韵律变化，使庭园更富生趣。庭园景观设计也是如此，只有巧妙地运用多种韵律的组合，才能使游人获得丰富的韵律感。

多视角观赏庭园能够引导视线往返穿梭，从而形成动感，除坐观式的日式微型园林外，几乎所有庭园都可在这一点上做文章。动感决定于庭园的形状和垂直要素，如正方形和圆形区域是静态的，给人宁静感，适合安置座椅区；而两边具有高隔的狭长区域或植被，则有神秘性和强烈的动感。不同区间的平衡组合，能调节出各种节奏的动感，使庭园独具魅力。

3.3 尺度与比例原则

对同人身或人身器官相接触并密切相关的功能性景物与设施来说，其体量的相对大小和绝对大小，都必须受到人身及其器官大小的约束，这就叫尺度。庭园景观中的设施，如绿篱、栏杆的高度、亭子的体量、踏步的宽度与高度等缩放的比例是有限的，如果不适合人们日常生活和游憩的使用，那么它们也就失去了存在价值。

比例是以形体因素为主并且趋于数字化的有限的对照关系。庭园中景物内与景物间的线段、平曲形与立体形之间都存在一定的比例关系；植物配置的体量与庭园面积大小也同样要遵循一定的比例关系。适度的比例有助于构造赏心悦目的景观。庭园景观设计时需要考虑大到全局，小到一木一石与环境的小局部内建筑物、山石、花草树木、水体、园林小品等的尺度与比例关系，以符合人们的生理与心理的需要。

庭园建筑和景观尺度的和谐搭配

3.4 对比与协调原则

对比是把两种相同或不同的事物或性格作对照或互相比较。在各类艺术创作中，对比是艺术表现手法之一。当具有特性差异的景物相邻时，会因对比关系使它们看上去更美或效果更强烈，所以对比是一种形成美和强调某种景观对象的技术手段。在庭园设计中，为了突出园内的某局部景观，可利用体形、色彩、质地、明暗等与之相对立的景物或气氛放在一起表现，以造成一种强烈的戏剧效果，同时也给游人一种鲜明的审美情趣。庭园中最易产生对比的就是色彩，每种景观要素都有自己的色彩，要使这些色彩既有对比又不显杂乱，就要遵循对比统一的原则。在选择色彩搭配时，可以参考色轮，通过对比色、调和色、中性色的应用来达到

儿童活动设施的色彩对比

理想的景观效果。同时，可以利用色彩面积的大小来强调景观的焦点和重点区。

协调又称和谐、调和，是指庭园内景物在变化统一的原则下，风格、色彩、体形、线条、质地等在时间和空间上都给人一种和谐感和整体感。协调一般包括三个方面：①庭园应与周边环境协调一致，能利用的部分尽量借景，不协调的部分想方设法视觉遮蔽；庭园应与自家建筑浑然一体，与室内装饰风格互为延伸；

建筑与环境设施材料的和谐组合

建筑与小品的材质、颜色的和谐

②园内各景观组成部分有机相连，过渡自然。例如，在室内和庭园中选择材质、形式相似的家具，会产生明显的连续性，使人感觉室内与室外是一个整体空间，从而实现风格协调；③室内设计的色彩如窗帘的颜色，与室外的景观要素的颜色协调融合，会营造出和谐的氛围，使人的精神放松愉悦，从而实现色彩协调。

3.5 追求意境原则

意境是艺术作品借助形象所达到的一种意蕴和境界。庭园景观是一个自然和人工兼具的空间境域，景观意境寄情于景物及其综合关系之中，情生于境而又超出由之所激发的境域事物之外，给感受者以余味或遐想余地。当客观的自然境域与人的主观情意相统一、相激发时，能够产生景观意境。“艺术品有创作与欣赏的二重性”，庭园这类艺术品在成“境”之后就成为欣赏者游乐之所。一座耐人寻味的庭园可连续几百年成为游人乐往之地，可见创作的形象和情趣已经触发游人联想和幻想，换言之就是有“意境”，而且是持久隽永的意境。

古典庭园的植物意境

意境主要表现为：① 诗情，常说“见景生情”，意思是有了实景才触发情感，也包括联想和幻想而来的情感；② 画意，庭园是主体的画卷，对于庭园中自由漫步的游人和使用者来讲，只有“八面玲珑”才能使人满意。不是所有庭园都具备意境，更不是随时随地都具备意境，然而有意境更令人耐看寻味，引兴成趣和深刻怀念。所以意境是庭园景观设计者所追求的核心，也是使庭园景观具有深层次影响的内在魅力。

现代庭园的小品意境

第 4 章 小庭园景观设计要点

DISIZHANG XIAOTINGYUAN
JINGGUAN SHEJI YAODIAN

4.1 功能明确，情景交融

庭园景观设计不仅要体现设计者的意图，也要考虑其功能性，要符合使用者的需求。成功的设计应具备观赏价值和使用价值，即借助景观规划设计的各种手法，从而使庭园画中有画，景中有景，咫尺千里，余味无穷，使得庭园环境得到进一步的优化，满足使用者的各方面需求，达到功能明确、情景交融的境界。

庭园各主要组成部位的功能与艺术造景的结合要点如下。

4.1.1 大门内与正门前

大门入口处、楼梯进出口处、交通中心或转折处、走道尽端等，既是交通的要害和关键点，也是空间中的起始点、转折点、中心点、终结点等重要视觉中心位置。因此，布置醒目的、富有特色性和标志性的景观元素，能起到强化空间、突出空间的作用。两门之间一条园路是必需的，因此，路的形状和路面的艺术感便是中心，关键是要看所在建筑主体的风格和庭园的大小。比如，欧式豪宅宜配色调相应的拼花路面，有的还可以在屋前设置水景。如果是中式或日式庭园则两门之间的路以曲折式为多，配以影壁回廊，以避两门相对。路面可做成小鹅卵石虎皮花纹，或是草坪汀步等。如果是比较前卫的现代风格庭园，就要在点和线、色调和造型上做文章，在所有的方面都要与整体风格相吻合。总之，围绕着两门之间有很多文章可做。

门厅绿化示意

入口绿化示意

4.1.2 庭内主景

庭内主景是庭园造景的中心，是全园的视觉中心和景观焦点。中式的叠山水池也好，日式的枯山水也好，或是英式的自然草坪、法式的精剪细造的植物图形和大理石水景，直至比较前卫的各种简洁线条色块和形状的运用，其实都没有什么绝对的界线。风格可以统一，也可混合，一切取决于怎样更好地和所在主体建筑和谐并突出主景，同时可以将设计者和使用者的喜好融入进去。

亭景观示意

自然材质的景观小品

4.1.3 亭、棚、廊等建筑和其他小品

建筑小品类素材的使用可以在较大庭园中造出几个游憩中心点，增添庭园的休闲特色，同时也可形成立体的景观空间。亭、棚、廊的艺术造型很关键，一方面要满足休憩功能需求，一方面要与总体布局风格和景观立意相协调。无论是中式的飞檐雕梁小亭、日式的原色山屋式草棚，还是欧式的雕花铁线凉笼式亭廊等，只要搭配得好，往往能起到画龙点睛的效果。

现代小品（1）

现代小品（2）

构架小品

特色庭园围栏

庭园入口小木门

护栏垂挂花盆绿化

4.1.4 围墙与围栏

围墙与围栏是非常出风格、出效果的部分，关键是如何搭配。如竹篱柴扉、花窗、曲窗等具有东方乡土特色的素材，与中式、日式庭园是很相配的，但与欧式风格就不协调。相反，花式铁栅与厚重的岩石柱组合，则适应面要广一些。而没有东西方传统特征的前卫式或现代矮墙，就可以在更为广泛的场合灵活使用。在庭园内，矮型的竹篱柴扉可以隔出不同的空间，营造出几个情趣小版块。

4.1.5 窗前檐下

所在建筑主体的窗前檐下是庭园中植物造景的主要场所之一。在这里选用适当的植物可以使窗外景色充满画意。当然这要看窗户的大小和形状。如用大落地窗且庭院有纵深感时，窗前植物宜矮些，使园中的中心景物和稍远些的植物错落有致地展现出来。中式、日式庭园的窗前檐下多用细竹藤萝类，以掩映建筑，并可在栽种的布局上形成立体感。

藤本、苏铁和假山石组合

藤本垂直绿化

内庭梅花群植

4.1.6 内天井与内大堂

几平方米见方的露天内天井，即使空间狭小，也可以种植较高的植物，如大型盆景般的造型。在这里充分利用空间是最重要的。内大堂却有些不同，因在室内无直射阳光，便可以用鱼池、室内阴生观叶植物和一些仿真山石、花木为主要素材，创造出一些充满情趣的小品。

内庭水景

4.2 布局精巧，动静合宜

动静景观的组合和延伸（1）

精巧的布局是庭园景观设计成功的重要支撑。庭园布局有很多规律可循，如中国文学艺术作品中常用得起、承、转、合，活用到庭园的布局上便体现为疏、密、曲、直。日本传统庭园中的真、行、草布局手法，则表示了由繁到简、由仿真到拟意的不同风格样式。很多素材在布局上运用得好，可以产生各种不同的视觉效果。如高矮大小不同植物的排列组合可显出单纯感、韵律感、滚动感、厚重感、色彩感等。再如浓密的植物配以曲径，便易生出幽深与静谧感，很适合东方情调的高品位住宅。而精修细剪的矮丛植物配以大气而典雅的几何造型则更适合欧陆风情。

动静景观的组合和延伸（2）

庭园造景不可忽视“动观”和“静观”的功能和景色搭配。“静观”通常指设计者有意识地安排视线范围内的主景、配景、近景和远景，尽可能促使景象向纵、横两个方面发展。“动观”则是通过人们的行走路线，把不同的景组成连续的景观序列，随着人们的移步，景色也不断地发生变化，这也是人们常说的“步移景异”。在庭园布局中，应作适当的分隔，既考虑空间之间的彼此联系，又排除相互间的干扰，达到布局精巧，动静合宜。

4.3 内外统筹、因地制宜

庭园设计要有公共利益意识，景观设计不应仅局限于场地本身，需要注意庭园与某些建筑和周围环境的关系，应对周边景观细致分析与研究。设计要兼顾邻居和街道的景观，并且有室内外一体化和空间延伸的意识。要对场地进行合理的规划，在对场地的各使用空间获得较深刻认识的基础上，通过园路将各区组合起来，形成一定的景观序列，创造出能在一定程度上反映了庭园使用者兴趣与爱好的景观。

某露天餐厅景观环境的内外呼应

根据环境的繁简大小和寒暑季节的不同，庭院景观应作相应的调整和变化，因地因时而制宜，以使景观协调于大环境之中，形成诗情画意般的整体美感。“宜”又因所面临的对象不同而分为共性之宜和个性之宜。共性之宜多为设计中的一般原则，个性之宜则涉及个人爱好、学识、经济状况等多个方面，应当详加分析和考虑。

4.4 元素适配，兼顾四季

庭园造景素材的运用是没有一定的规律的，但庭园不是简单的景观要素混合物，精美的庭园是由植物、石材、雕塑、水景、园路等各种不同的素材经过艺术组合而成的。因此，素材运用得好，可以使效果非常出色。比如，在日式庭园中，树木、草皮与各类大小野山石、土坡、沙砾的组合是非常讲究的。各种手法都是对自然意境和情趣的模拟，都可以使人得到精神上的陶冶与愉悦。像枯山水这种日本独有的造园手法，可以使人领略到佛禅的意境。而中国闻名四海的太湖石、灵璧石等观赏石的拟山造景则更令人惊叹大自然鬼斧神工的造化之美与中式庭园艺术中深厚的文化底蕴之素雅的完美组合。

小品与环境的契合

庭园建筑及小品具有精美、灵巧和多样化的特点，设计时要注意选择合理的位置和布局，做到巧而得体，精而合宜。根据自然景观和人文风情，体现出景点中小品的设计构思和文化寓意。雕塑小品主要起装饰作用，设计时应与整体环境有机结合，以便与环境融为一体、相得益彰。另外，雕塑作为庭园景观的点缀，应更多地关注生活气息的渲染。水是大自然中最壮观、最活泼的因素，它的风韵、气势及流动的声音给人以美的享受和遐想。在庭园中布置小桥流水或设置一个喷泉、水池，能在展示庭园空间层次与序列的同时达到情与景的交融。

户外家具、花槽、花架、秋千椅、围栏等，无论用在庭园中的任何角落，都会给人创造一种温馨、舒适、自然、和谐的氛围，满足人们对自然回归的迫切渴望。例如，在庭园整洁的草地上摆放一张造型简洁的木桌椅，撑起墨绿色的遮阳伞，可以让你完全融入到自然的氛围中。在道路端口处设置一个白色的铁艺花架，种植攀援植物，下面放置靠椅，营造一种舒适、温馨、自然的氛围，可满足人们室外休闲娱乐活动的需求。

水是景观设计的血脉，是万物具有活力的关键，可以与庭园中的其他元素共同组成一幅美丽的水景图。在庭园水景配置时不仅要讲究

陶罐组合绿化

铁艺廊架绿化

细腻的艺术构图，体现精致的空间感受，还要根据不同的环境，巧妙选择合适的景观元素。水生植物景观能够给人一种清新、舒畅的感觉，是庭园水景的重要组成部分。一般说来，庭园水景中选择的水生植物种类不宜过多，常以 1 ~ 2 种开花或观叶的水生植物作为主景，一些喜湿的低矮植物软化水体轮廓，增加观赏趣味，还可点缀一些湿生植物，营造原生态环境。

苏铁盆栽和睡莲水景

陶罐水景

庭园植物造景示意（1）

在庭园植物景观设计中，应选择有代表性的植物来搭配相应风格的硬质景观。其中一定要对所设计项目进行地段、地势、气候等方面的调查，在充分利用原有资源的基础上，选择与庭园风格匹配的植物。植物景观的建造和品种的选择一定要充分体现地域和风格的特点。每个庭园设计都有在风格上的定位，如英式、地中海、日式、法式等，庭园植物景观与建筑及硬质景观在风格上的匹配程度关系庭园营造的成败。

庭园植物造景示意（2）

庭园植物造景示意（3）

庭园的景物，既要考虑瞬时效应，也要考虑四时效应。园景如能常见常新、四时不衰，才是最高境界。花草树木由于四季的变化，丰富了庭园的空间构成，强调了庭园空间的时令性，改善了庭园的小气候和景观环境。因此,植物在庭园中是不可或缺的。北方到了冬季，色彩会变得沉重单调，植物的魅力会减弱，这时应考虑不同季节植物的色彩变化，同时增加变化不大的雕塑、山石、枯山水等作为弥补，这样会使得景观的色彩更加丰富，在冬季也保持独有的美感。庭园的植物一般应以 2 ~ 3 种植物作为主景，再选其他植物作为搭配，尽量做到层次清楚，形式美观。植物高低搭配、色彩的配置、质感等应突出群体美，使植物景观与建筑景观等周围环境有机统一为宜。空间开合有序，宜透则透，宜闭则闭，视线相对通透。另外，还要以适量的色叶植物、花灌木等进行辅助造景，形成丰富多彩的空间环境。

庭园植物造景示意（4）

4.5 灯火万家，粗细共存

庭园植物造景示意（5）

环境在光的作用下产生丰富多变的色彩，色与光结合通过强调或抑制的不同处理，可削弱一些次要的或不美观的部位，创造出重要部位或视觉中心。色彩是一种语言，在设计中可作为一种信号对不同的设施给予不同的色彩。人工光和自然光都能创造一种气氛，给空间增加另一向度。不同的色调给人不同的距离感，高明度的暖色系令人感觉亲近，低明度的冷色系使人感觉后退缩小。相同色调的颜色容易统一，而对比色更容易变化。庭园中配置照明系统，黑夜中的点点灯火给人以无限遐想空间，配合各种景观要素和景观需求可以呈现出丰富动人、独具特色的夜景效果。例如，庭园空间要创造亲切近人的气氛，可采用明快的暖色照明，形成色彩清新、丰富和谐、变化有致的空间环境。

庭园景观设计对于细节的处理也是很重要的，在整体空间里仅有山水、花草、雕塑等并不足够，因为在这个空间里人们要活动，所以需要把很多的小细节处理好，这样才是一个完整的设计。这些细节主要包括各种灯光、椅子、驳岸、花钵、花架、大门造型等，甚至有的还包括垃圾桶、水龙头等。和其他的有关细节设计的理念一样，庭园景观的细节设计理念不是一成不变的，它要因不同地区具体庭园的具体条件和环境而做相应的调整和变化，对具体的设计方法进行变通和灵活运用。它又是发展的，因人们的审美观和经济条件的发展变化而变化。在做庭园景观设计时，只有做到与时俱进，才能创造出丰富多样、温馨美丽的景观环境。

庭园夜景

第5章 小庭园景观要素设计

DIWUZHANG XIAOTINGYUAN
JINGGUAN YAOSU SHEJI

5.1 景观建筑设计

与一般建筑物相比，景观建筑更要求与环境特性相和谐，造型要求也更为优美,需要更强的装饰性。景观建筑主要包含花架、廊、亭等多种类型。小庭园内，景观建筑既起到了观赏作用，又起到了划分空间、增加庭园趣味性的功能。

5.1.1 花架

花架，除了创造攀缘植物生长的条件，又为人们提供了休憩驻足的地方。它是小庭园造景、营造庭园氛围较常使用的景观建筑。

（1）花架形式。

独立式花架

以木、铁艺等多种材料设计成空格状，造型多变，仅供观赏使用。

片式花架

片板固定于单向梁柱上，片板两侧或一侧向外悬挑，体态较廊架式花架更轻盈。

廊式花架

最常见的花架形式，片板支撑于两侧梁柱上方，下方可设置座椅，供人休憩。

（2）花架选择。

庭园空间较大时，可选择跨距在 2~3 个跨距的尺度较大的花架。

独立式花架

片式花架

这样的花架可以提供一个遮阳休憩、观景的场所。

如果庭园空间有限，则建议选择仅供观赏使用的小型独立式花架。精致的小型花架会增添庭园气氛和观赏效果。

花架的风格要依据庭园风格选择，比如欧式铁艺花架放在中式庭园中，一定会引起视觉混乱。

（3）花架安置。

随地形起伏安置

花架间接表现庭园的变化，随着地势起伏，花架高低有致，富有律动感。

环状安置

围绕水景、山石、花坛的片式花架，可烘托中心景观，提供优质的观赏空间。

角落安置

沿墙面或在庭园角落独立安置花架，既节省空间又丰富视觉效果。

5.1.2 廊

如果希望庭园在艳阳或阴雨天都可自由行走观赏，廊的设计必不可少。廊的形式多样大致可分为以下几种。

双面空廊

顶部由两排柱子支撑，四面无

廊式花架

入口铁架装饰

中式双面空廊

中式单面空廊（1）

中式单面空廊（2）

墙无窗，柱间可设有坐凳或栏杆，供休憩。

单面空廊

顶部一侧由墙面支撑，墙面可设门窗，另一侧则无窗无墙，也可设置坐凳、栏杆。

复廊

即在双面空廊的中间隔一道墙，形成两侧单面空廊的形式。

双层廊

廊可分上下两层。

5.1.3 亭

“亭者，停也，所以停息游

行也。”亭的设计主要是为了提供休息或观赏的作用。

（1）亭的形式。

从风格上可分为：中式古典亭、西式古典亭、现代亭三种类型。

中式古典亭

中式古典亭是中国传统形式的亭，具有一套相对稳定的构造模式。建筑特点在于亭的顶部，有攒尖顶、歇山顶、卷棚顶等多种样式，并以木构为主。

西式古典亭

西式古典亭是带有西方传建筑形式的亭，以穹顶最为常见，厚重敦实，柱身以古典柱式为主。

现代亭

现代亭形式多样、材料多样，设计师可任意发挥想象。

（2）亭的造型选择和安置。

亭的体量、造型以考虑其所在的空间比例关系、景观形制，因地制宜。庭园空间大可选择体量较大、造型稍复杂的亭，庭园空间小则应简化亭的造型和减小亭的体量。

亭具有十分灵活的布局特点，可根据庭园空间景观结构自由安排。既可临水建亭以丰富水面造景，也可在曲径通幽处以营造别有洞天的趣味。

中式古典亭

西式古典亭

现代亭

5.2 景观小品设计

景观小品是丰富庭园景观设计的重要元素之一，能吸引人们驻足停留，具有审美与使用双重特性。优秀的景观小品设计能大大提升庭园的视觉效果。

5.2.1 景观小品分类

按其使用功能，大致可分为服务性小品、装饰性小品、照明小品。

服务性小品

供人驻足休憩或具有其他使用功能的小品，如造型多变的座椅、桌、遮阳伞、垃圾桶、饮水泉等等。它们常结合景观空间结构、功能有序布置。

休憩设施（1）

休憩设施（2）

休憩设施（3）

休憩设施（4）

休憩设施（5）

装饰性小品

供人观赏的小品，如各式花器、雕塑、景墙、喷泉等，在景观中起到点缀的作用。

庭院中的花器

庭院中的喷泉

趣味雕塑小品

庭园中的山石

墙面垂直绿化和石景组合

庭园灯具（1）

庭园灯具（2）

庭园灯具（3）

照明小品

顾名思义起到夜间照明、日间装饰的各式景观灯具。

5.2.2 景观小品设计原则

景观小品设计必须从实际出发，因地制宜，以达到良好的视觉审美效果和使用效果。因此我们在设计和选择景观小品时必须遵守以下原则：

满足人们的使用需求：人是庭园活动的主体。在设计服务性小品时一定要以人为本，从人的行为习惯出发，满足一定舒适性。

满足人们审美需求：景观小品的设计不单单是要满足人体工学上的舒适性，同时也需要在视觉上使人得到美的享受，从心理上获得满足。因此景观小品必须满足形式美的原则。

必须与环境和谐：景观小品与景观环境密切相连。景观小品的造型风格、尺度、材质、色彩必须与整个庭园景观协调统一。

5.3 景观道路和铺地设计

景观道路和铺装设计是景观设计中兼具使用和美观的要素之一。

5.3.1 景观道路设计

在庭园中起到了组织风景、安排游线、划分空间的功能。因为小庭园空间有限，为了达到庭园幽深、雅致的景观效果，只要通过得当的道路设计即可以满足。在设计庭园景观道路时应注意以下几点。

在进行路线设计时，应与地形地势、建筑、水体等其他景观要素相结合，以呈现完整的景观画面。组织路线要做到主次分明、曲折有致。比如，在地势起伏处应环山绕水，而不要与水体平行而置，地形平坦处应柔缓曲折，路线密度可有所增加，但避免形成网格状路线。

庭园入口设计尤为重要，只有一个成功的入口设计，才能很好地使人产生进入并游览的冲动。在设计入口时要根据场地的大小及设计意图安排入口的宽窄。

小庭园道路路宽不宜设置太宽，以免造成庭园比例失调、视觉突兀的后果。人行园路路宽一般在0.5~1.5m。

为了延长游线，可适当使路线

园中小路

曲折化，加强庭园的纵深感、达到放大空间作用。

5.3.2 铺地设计

铺地设计，既是一种地面的装饰手法，也是直接影响人们心里感受的景观要素。在庭园中行走，人们在触觉上直接接触到地面，所以铺地的方式和材料对道路设计十分重要，因此庭园的铺装设计要同时兼具观赏性和实用性两种功能。

环水园路

（1）铺地材料和选择。

铺装可分为软质铺装和硬质铺装，软质铺装材料有草坪、灌木等；硬质铺装材料则更为多种多样，常用的铺装材料有石材、地砖、混凝土、木材及其他可回收材料。

在选择铺地材料时要根据庭园风格、周围环境特征选择舒适性较好的材料，以创造视觉上和功能上皆佳的设计。小庭园的铺装设计应注意以下几点：

材料上：尽量简单化，不要选择太过花哨的材料，以免令人产生混乱的感觉。

质感上：在选择颗粒状的铺装材料时应该选取颗粒较小、表面圆滑的材料，细致感给人轻巧、精致、柔和的感觉。

颜色上：铺装颜色不能过于复杂，否则容易喧宾夺主。如果是儿童游戏场所，可适当选用艳丽的颜色；若是私家庭园等休闲类庭园则

曲折有致的小路

应该选择柔和的颜色以创造安静、舒适的环境氛围。

(2) 铺装形式。

园路铺装形式花样繁多，通过对材料色彩、质感、尺度、构图的安排，为庭园增添情趣。下面介绍几种特色形式：

砾石铺面

砾石路面

散铺砾石铺面较为常见，它也是较为廉价的铺装方式，具有极强的透水性、防滑性，能够创造极其自然、惬意、浪漫的效果。可以单独使用，也可以与砖、石头、草地搭配使用。现在，市面上有各种颜色的砾石可以选购。

卵石铺面

鹅卵石形态圆润可爱，用卵石铺面可以传达轻快、开朗的感觉。但由于鹅卵石没有中空结构，吸热快、透水性和防滑性较差，因此不建议大面积使用，偶作点缀即可。

卵石路面

嵌草铺面

嵌草铺面

将石材、砖、木枕等各种形式的预制混凝土与各式地被或草坪相嵌合，能营造出自然、活泼、趣味性强的空间氛围。

步石

步石是在草坪或砾石面上放置数块规整或自然面状等的各种石块、瓷砖。一般情况下，步石铺设的园路距离不宜过长；两块步石之间的距离要考虑到人体工学（一般成人跨步在 30~40cm）。

自然式步石

混凝土镶嵌装饰材料

以预制混凝土板材或现浇水泥为主，水泥表面做压光处理，不宜含沙，在其周围镶嵌卵石、贝壳等装饰性较强的材料。要注意，装饰材料的高度要低于水泥表面。这种铺装手法为平淡水泥路面增添了精致感和趣味性。

碎拼

采用碎瓷砖或碎石拼贴，可以拼接成各种花色，图案更具灵活性。这种铺装方式视觉效果活泼、自由，但要注意材料表面的防滑处理。

混合式铺装

马赛克铺面

马赛克尺寸、颜色和种类繁多，除了墙面装饰，作为地面铺设材料不失为一种特色鲜明的装饰铺陈手法。和碎拼一样，马赛克也可以设计出多彩的地拼花样，具有很强的装饰功能。

地铺与种植槽相结合

地铺与种植槽相结合是软质铺装与硬质铺装相结合的一种表现形式，即在地面上镶嵌一些圆形或方形的种植槽达到软化硬质景观的作用。种植槽内的植物种类可以根据个人喜好选择，但要注意植物大小与种植槽的比例关系。

5.4 景观植物设计

植物设计是庭园设计的基础部分和重要环节。我们可以利用植物的体量、姿态、颜色、气味为空间创造四时变幻的景致，并利用植物生态功能使局部环境得到优化，同时作为垂直景观要素之一用以塑造和分割空间。植物这一要素对于庭园氛围的营造至关重要。

5.4.1 植物分类

庭园植物种类繁多，一般可分为乔木、灌木、草本植物、藤本植物、水生植物。

乔木

乔木是指树身高大的树木，树干和树冠有明显区分。根据体型大小可分为大乔、中乔、小乔。根据落叶情况可分为常绿乔木和落叶乔木。

乔木的大小及造型是其重要的观赏特性。在选择乔木时，首先要考虑的是对其树木本身体量的大小，原因在于树木的大小直接作用于庭园的空间范围，影响景观结构。乔木可以起到组织空间、提供遮阳

碎拼式铺装

庭园植物自然组合（1）

庭院植物自然组合（2）

纳凉、作为主景观赏的作用。因为是小庭园设计，因此在不考虑特别的造景意图时，一般不会选用体量过大的乔木。

灌木

灌木是指分枝点低，枝干区分不明显或呈丛生状态的木本植物，一般可分为观花、观果、观干等几类。常见的灌木有红花继木、含笑、金丝桃、海桐、大叶黄杨等等。灌木种植方法多种多样，可组合拼接

乔木为骨干的绿化

成各式各样的图案，替代部分草坪产生不同的视觉效果，很好地起到了丰富植物景观层次的作用。在选择灌木时要考虑到植物长期的观赏性和成年植株的大小，谨慎选择外形和色彩对比过分强烈的植物，以免造成视觉混乱的效果。

草本植物

草本植物是指植物的茎为草质或肉质的植物，分为一年生、两年生、多年生草本。草本植物生态功能弱，一般作为装饰性植物种植于庭园中。可应用于花境设计——作为近景观赏时种类可选择枝叶茂盛、低矮的草本衬底，以自然式种植手法可增添庭园活泼的个性；作为远景观赏时，应选择种类较单一的植物，形成片植。同时草本植物还常用于花坛和花池的设计，也可作为基础地被大面积种植。

藤本植物

藤本植物又叫攀援植物，是一种优美的供作垂直绿化的植物。一般具有长的枝条和蔓茎、美丽的绿叶和花朵，借助吸盘、卷须等攀登高处，或借蔓茎向上缠绕与垂挂覆地，可丰富景观构图的立面景观。

水生植物

水生植物是在水中的植物，可分为挺水植物、浮叶植物、沉水植

灌木为骨干的绿化

灌木起到分割空间的作用

草本植物绿化

藤本植物绿化（1）

藤本植物绿化（2）

物和漂浮植物。常见的水生植物有莲、水竹芋、芦苇、菖蒲、浮萍、水葱等等。水生植物是美化水体和净化水质的重要元素。庭园中的水体设计少不了水生植物的设计，多了水生植物的点缀，可以增添空间浪漫的气氛。在种植水生植物时一般有两种种植方式：①在池底砌筑栽植槽，铺上至少 15cm 厚的培养土，将水生植物植入土中；②将水生植物种在容器中，再将容器沉入水中。

水生植物绿化

5.4.2 植物种植设计

植株的体量、姿态、颜色是植物的重要观赏点。

在选择植株大小时要考虑到植物的生长趋势，庭园植物景观状况会随时间产生变化，一定要考虑到植物之间的空间关系。组合配置植物时要大小结合，制造丰富的空间层次关系。

植株的外形姿态影响着观赏的价值，不同形态的植物都有自己独特的运用方法。例如：纺锤形——形似纺锤，一般用于引导视线，能在视觉上拉长空间高度；球形——具有较强的造型感；圆柱形——有着与类似纺锤形植株的作用；盘伞形——植物树冠形似雨伞水平展开，有很好的延伸建筑轮廓的作用；匍匐形——沿地面匍匐生长，观枝效果好；垂枝形——枝条下垂，常见的柳树、龙爪槐都具有良好的观赏性。

植物造型绿化

植株的色彩配置是不容疏忽的，只有绿色视觉效果往往会显得单一，这时色彩的作用显而易见。在设计时，必须遵守以绿色为主，其他颜色次之的要求。彩色植株不要零碎地安排在构图中，也不要大面积使用彩色树种，否则画面会显得凌乱。由于四季中以夏、冬时令持续较长，在选择树种时应特别要注意夏季和冬季的植物色彩状况。

庭园植物主要有以下种植手法：

孤植

选用树形优美的树木，单株或2~3株栽植，作为主要的视觉焦点。可安排在水面上或草坪上，营造宁静的气氛。

对植

选用两株相同的植物对称种植，一般用于庭园入口。

狭窄的带状空间绿化

列植

将植物按照一定的株距进行行列式的种植，这样的种植方式一般选用形状较为整齐的植物。

丛植

将多种相同或各异的植物栽植在一起组合成一个整体。丛植可形成更为自然的植物景观。可以选用相同或相似的植物。2 株一丛，这时最好选择形态上差异大的植株；3 株一丛，最好选用体量差异、姿态差异大的树种，形成不等边三角形构图，最大和最小的植株相近；4 株丛植，应采用不少于两种植物进行不等边三角形或不等边四边形构图，进行 3：1 的分组种植，植株大小、姿态要有明显差异；5 株丛植，同样应选用多种植物进行种植，可进行 3：2 或 4：1 的组合。6 株以上的丛植即以上几种形式组合而成。

植物的组合搭配

自然式种植

仿照自然形态下的植物群落，反映自然的美感。树木可孤植、片植，花卉可丛植或群植。不需要规整修剪，在满足植物生长的前提下没有具体的株距要求。

5.4.3 植物设计的基本原则

植物设计实现了人们与自然的对话，满足了人们与自然亲密接触的渴望。植物设计在达到景观设计要求的同时应融于周围建筑环境，满足人们的功能需求。因此，在进行植物设计

树池与卵石的造型组合

时应当满足以下基本原则：

四季皆有景可赏，使庭园植物景观有明显的季节性。这就要在选择植物类型前充分考虑植物的生长特性，常绿和落叶植物适当搭配，合理安排植物种类。

因地制宜，最好选用本土植物，一方面利于植物生长，创造良好的景观效果；另一方面，可以降低购买成本，减少不必要的护理费用。

遵循节奏与韵律、对称与均衡、主从与重点、比例恰当这四项基本美学原则。

角隅花草绿化组合

5.5 景观水体设计

水是生命之源，是庭园的灵魂。无论是涓涓细流，宁静的水池还是窸窣的泉水叮咚，水凭借它多变的形式与人们进行心灵的碰撞，为庭园增添了不一样的魅力。中国园林自古追求意境美，讲究师法自然。为了体现园林的诗情画意，古人大费周折地造山引水，水在造景过程中占有极高地位。现代庭园造景中，水元素也是被频繁应用，展现着它独特的魅力。

5.5.1 水体设计分类

水体的设计为小庭园带来精致之感。随着时代的发展，水景表现形式日益丰富，在进行水体设计时，我们可以大致分为动态水体设计和静态水体设计。

(1) 动态的水景。

由于地心引力的影响，水自高而下不停流动并根据流量、高差大小伴有或空灵或磅礴的水声，这就

陶钵水景

立体跌水景观

水生植物种植容器与水景

是动态水的魅力所在。动态水景主要有：瀑布、流水、喷泉、雾森。

瀑布

瀑布有水幕、跌水、人工瀑布等，常见有幕布式、阶梯式、滑落式等跌落形式。水幕是利用密集喷洒形成的透明的水墙或水帘，需要较大的落差和落水口，水幕形成的水景通透、轻薄；跌水是一种呈阶梯状落水景观，有单级和多级、自然式和规整式之分，常以石砌或混凝土建造；人工瀑布形态各异，利用地势落差，水自上而下自由跌落的现象营造，或磅礴或柔美，即使在远处也可听到瀑布沙沙水声。

流水

流水有溪流、壁泉、溢流、泻流等多种形态。溪水即常见的线形涓涓流水，流速时急时缓，水道较窄且两岸多布置花草、溪石，鸟语花香，极富诗意；壁泉是指依附于墙面、山石，水由墙面缝隙或石缝中流出；水溢出水面为溢流；泻流则是降低水压，利用构筑物带来时断时续、细小的流水。

单级跌水

庭园小溪

小庭园设计溪流时，可以将地面竖向高差不同的空间与景观层次联系起来，为了使人工溪流更为自然，可以通过卵石、地被等使之与岸边自然过渡。

喷泉

喷泉利用水泵提供压力，水通过承压管道、喷头形成形态丰富的喷水景观，有单线喷、直上喷、抛物线喷、面壁喷、花样喷、各式喷柱等形式。当选择喷泉时，水池的面积应足够大，小庭院空间若十分有限，又希望增加喷泉设计，采用

喷柱式

旱喷不失为一种解决方案，即将喷头、管道等设施埋于地面下，地面上只留下小出水口，极大程度上节省了庭园空间，同时也提供了戏水的场所。

雾森

雾森是模拟自然的雾气，营造浪漫缥渺的空间氛围。较其他水景而言，雾森更为生态，可节省水资源，净化空气的效果也更为明显。

壁泉

(2) 静态的水景。

静态的水景常以面的形式出现，如湖、池等。平静的水面总能安抚人心，且水的反射作用能起到增强景深的效果，树木花草、建筑、小品倒映其中能产生虚实变化的画面。尤其对于建筑而言，在宁静的水面的衬托下建筑体积感更为强烈，若微风徐徐，水面波光粼粼，景色交相呼应，一幅诗情画意。

杭州九溪玫瑰园雾森

5.5.2 水体类型的选择和保持

静态水、动态水各具魅力，水体形式也多种多样。无论选择何种形态的水体，都应结合实际，因地制宜，创造和谐的景观效果。

静态水面

小庭院因为空间限制，水景面积有限，尽管如此也可设计以静态面为主的景观结构以扩大景深，营造恬静的庭园氛围。若只想将水景稍作点缀，就选择小型的水景，如设计尺度较小且通透性强的水幕、水帘，可以为庭园增添朦胧美、丰富景观层次。

水体造景结束后，贵在日后的保持工作，要注意经常清理水体中的落叶等垃圾并定时换水，以免水体污染、发臭，影响庭园景观。

5.6 景观竖向设计

竖向设计即地形设计，是在原有的地形基础上，从空间定位上，综合考虑景观小品、植物、水体、景观构筑物等一系列景观要素并进行恰当的安排，以达到庭园景观空间立面高低层次更丰富，行走其间空间变化、界面承接更富有趣味的目的，竖向设计是庭园景观设计的基础。优秀的庭园设计一定能够给予人不同的视觉变化体验，而不是一马平川，一览无余。在竖向组织协调好各景观要素方面，需要设计师具有一定的整体空间结构把握能力。

5.6.1 景观竖向设计的一般原则

功能与造景并重

在设计过程中首先要考虑的是庭园功能性需求，这就要求竖向设计必须满足日后一些使用设施的安排和布置，在处理空间地形变化时还要考虑到造景需要。

因地制宜

根据原有地形进行竖向设计既减少了开支和工作量，还一定程度上保留了原有场地的记忆。小庭园一般用于休憩放松，若场地过于平坦，可根据小庭园实际状况，填土、挖池来增加地形变化，但地形起伏不宜过大，要注意空间比例关系，以免造成空间过于局促，要灵活安排微地形的变化。

生态与安全

在降雨频繁且地势较低地区尤

小庭院竖向变化

其要注意庭园排水、防涝，在干旱地区则要注意储水，因此在做竖向设计时要考虑地面雨水收集功能；填挖结合，平衡土方量，避免重复填挖；种植及铺地用材应以本土为主。

5.6.2 竖向设计要素

在小庭园地面竖向设计中，坡度变化可采用平坡、缓坡、中坡。平坡、缓坡指的是数值在 3%以下和 3% ~10%的坡段。中坡则是指数值在 10% ~20%的坡段，道路应平行或斜交等高线。陡坡和斜坡由于斜度大，不宜开发。在进行竖向设计时可以利用以下形式：台阶、挡土墙、景观墙、砖墙、混凝土墙、石墙、金属墙、木墙、植物造景。

台阶

台阶是十分常用的处理地面高差的手法，当台阶长度超过 9m 时，应增加不小于 0.9m 的休息平台，两个台阶间踏步高度不宜大于 0.15m, 踏步宽度不宜小于 0.3m。当台阶宽度大于 3m 时坡道两侧应设有扶手。台阶应采用平整且防滑的材料。

挡土墙

挡土墙可是止填土或土坡崩塌的构造物。常见的有直立式、倾斜

庭园台阶景观

下沉广场景观

式、台阶式等。挡土墙的厚度与高度比是1：3。

景观墙

景观墙起到分隔空间、遮挡视线与观赏的作用，是造园中竖向设计的重要部分。景观墙的构造形式主要

直立式挡土墙

弧形挡土墙叠水和绿化

装饰台阶和挡土墙

组合挡土墙

有砖墙、混凝土墙、石墙、金属墙、木墙。

砖墙

如果要选用砖墙，一定要考虑到砖的形式、色彩及周围空间氛围。砖颜色多样，比如砖红色的景墙置于绿植之间，可以使空间色彩更为明快；白色等灰色系砖墙则使空间更显宁静。砖墙风格各异，应根据庭园风格而定。

混凝土墙

混凝土墙常常代替真实石材来表现天然石材效果，但是近年来不加修饰的混凝土常用于现代建筑、景观设计中，以表现朴素自然的美感。混凝土墙有普通混凝土砌墙、花格砖砌墙（花型丰富多变）和预制片砌墙等。

仿自然的景墙

石墙

石墙采用天然石材堆砌。由于石材多种多样，砌合方式也灵活，可粗犷亦可秀丽，因此石墙总能带来多变的视觉效果。

金属墙

金属墙造型能力较其他砌墙方式更为灵活，可实可透。型钢类金属墙表面光洁、韧度强，但需要重复上漆；铁类金属墙廉价，韧度较差，易生锈，光滑度低。

木墙

木墙是自然亲和力更高的材料，需要与砖石搭配使用，因为经过防腐处理，可以较长时间使用。

红砖景墙

植物造景

植物造景即利用高高低低的植物营造竖向变化，与硬质景观相比起到软化视觉的效果，也可与其他竖向设计形式相结合形成花坛、绿墙、绿篱。

欧式石墙

屏风式景墙

5.7 景观照明设计

照明是庭园设计中浓墨重彩的一笔，好的灯光设计会为夜色下的庭园景观带来不同的视觉体验。白天，造型多样的庭园灯具点缀了室外环境，而晚上提供生活便利的同时，灯光的运用使得夜晚景观不再单一，延伸了人们在夜晚的视觉范围和活动范围。不同的照明方式使得景观在夜晚创造了有别于日常的氛围效果。

5.7.1 庭园景观照明类型

从功能上大致可分为安全照明和装饰照明。

安全照明

安全照明为人们提供道路引导，方便出行；在存在安全隐患处添加照明装置以期警示：如在河道桥梁、路径幽深处安装照明设施等。

装饰照明

装饰照明在庭园内确定重点观赏景物，可以是花卉树木，也可以是园内山、池、雕塑等等。为了主要表现某一景物，可对其增加局部灯光照明。

5.7.2 庭园景观照明主要方法

上射光照明

上射光照明灯光由下而上照射，在庭园景观中运用较多。常用于高于视平线的景物，如乔木、灌木或雕塑、山石。这样可以引人注目，强调景物具体形制。灯具多安置在地上、树枝上等隐蔽处。

下射光照明

下射光照明即灯光由上而下照射。常用于低于视平线的植物，如花卉、草坪等低矮植被及其他景观。下设照明可达到引人注意低矮景观

上射照明

的目的，灯具可安装于树枝等高处物体上。

漫射照明

漫射照明即利用灯具的折射功能将灯光向四周扩散均匀地照射到墙面、绿篱等小型庭园立面上。这种光线性能柔和，视觉舒适。灯具多选用小型投光灯，常设于地面，亦可安装在视觉高处。

轮廓照明

轮廓照明是一种较为常见的照明方法，通过光源自身表现景物线条轮廓，适用于落叶植物，冬季视觉效果好。灯具装置于景物后，光源直射墙面。

造影照明

造影照明即将宽面灯具置于植物前，将植物投影于墙面上；或将灯具置于植物上方，形成树影。

5.7.3 庭园灯种类

从照明效果可分为：地灯照明灯、点光照明灯和面光照明灯。

从造型风格上可分为：现代庭园灯，欧式庭园灯、古典庭园灯。

5.7.4 灯具选择

为了保证夜间安全，需要考虑好路面照明，尤其是存在地面高差的地方，如阶梯、花池等。在选择低灯时应考虑到光线是否柔和，不

漫射照明（1）

漫射照明（2）

会刺眼。

夜晚如需在庭园活动，应装置符合需求的灯具。可使用高度较高的卤光灯灯具。

在选择庭园灯具样式时，应考虑是否与庭园景观风格统一协调，切勿选择与庭园风格不符的灯具，以致降低景观品质。

庭园内含有水景或游泳池时可考虑安置水下灯，满足使用需要的同时又可提供观赏需求。

为了取得较好的树木照明，在采用上射照光明时，用于乔木的投光灯，可选用 70~150W 的投光灯；用于灌木等低矮树种的投光灯，可选用 70~100W 的投光灯。而花卉植物一般较矮，花朵一般向上开放，因此采用下设光照明。可选用高度在 0.5~1m 的花卉专用照射灯具，如蘑菇形状的灯具。

地灯等小型灯具可以营造出浪漫的空间氛围和起到一定的导向作用。可安置于园路上或路边、水景边、阶梯上等。

5.7.5 庭园景观照明灯具颜色选择

就绿化照明而言，一般采用白色和绿色的灯源。但绿色光源不易使用过多，以免产生阴森的感觉，应增加一些白光点缀其间，改善视觉效果。景观照明除了要考虑灯光本身色彩的同时更要考虑到场地状况，以达到较好的整体效果。较常用的白炽灯、卤钨灯、高压钠灯这几种光源的灯具,色温低,偏红光,呈暖色调。荧光高压汞灯，色温高，淡蓝 / 绿色光，呈冷色调。不同光源的灯具呈现出各色的特性，彩色灯具应慎用。

5.8 无障碍设计

无障碍设施问题的最初提出是在 20 世纪初，概念的提出者试图为满足具有不同程度生理伤残缺陷者的使用需求，通过有关人类衣食住行的公共空间环境以及各类建筑设施、设备的规划设计，营造一个充满爱与关怀、切实保障人类安全、方便、舒适的现代生活环境。

无障碍坡道

5.8.1 无障碍设计原则

无障碍性

无障碍性指无障碍物和危险物。由于生理伤残缺陷者生理和心理条件的变化，自身的需求与现实的环境时常产生距离。因此，在规划景观设计时，必须树立以人为本的思想，设身处地为老弱病残者着想，积极创造适宜的庭园空间，以提高他们在景观环境中的自立能力。

可识别性

可识别性指标识和提示设置的可识别性。设计上要充分运用视觉、听觉、触觉的手段给予他们以重复的提示和告知。建立空间环境的引导系统、警示系统 , 可减缓由记忆力下降而带来的不足或不便。

易达性

易达性即减少区域内由于地面高差所带来的过多踏步及过陡楼梯的设置，用坡度适宜的坡道加以解决。地面高差所导致的坡度和踏步 , 是影响老年人安全活动的不利因素。

5.8.2 无障碍细部构造设计

交通路线

适当增加，以水平交通为主 , 采取人、车分流形式。减少生活环境中的立体交通方式 , 这对于行动迟缓及依靠助行器的人来讲是一种安全的保障。

路面的防滑

要减少使用卵石、片石等易产生较大摩擦力材料的使用 , 否则对于使用轮椅的人群独立使用是不利的。

路面的防绊

对于拄杖者、视障者而言 , 柔软易褶皱的地面材料会产生行动障碍 , 应避免使用。

采用绿色环保材料

行动不便者常借助拐杖、轮椅行动 , 这会使器械对地面施加较大的压力、扭力。这对地面材料的强度性能提出了较高的要求。为了保障老年人的身体健康 , 应推广使用无毒、无味、无辐射、不燃材料。

老年活动区加强照明系统设计

年长的老人一般视力较差 , 应在原光照度设计标准的基础上 , 予以适度提高。同时要加强光照度的均匀性，因为老年人对明暗转换的适应能力比年轻人差 , 过强的照明度反差会造成行动不便。

第 6 章 不同风格庭园的设计特点

DILIUZHANG BUTONGFENGGE TINGYUAN DE SHEJITEDIAN

按照目前庭园的风格特点可划分为中式庭园、日式庭园、东南亚式庭园、伊斯兰式庭园、地中海式庭园、法式庭园、美式庭园、英式庭园、德式庭园、现代式庭园等类型。

6.1 中式庭园

（1）特点：浑然天成、幽远空灵。

（2）常见元素：假山、流水、亭子、翠竹。

（3）设计理念。

中国传统的庭园规划深受传统哲学和绘画的影响，甚至有“绘画乃造园之母”的理论，最具参考性的是明清时代的江南私家园林。中式庭园有三个支流：北方的四合院庭园、江南的写意山水、岭南园林；其中以江南私家园林为主流。此时期私家园林受到文人画的直接影响，更重诗画情趣，意境创造，贵于含蓄蕴藉，其审美多倾向于清新高雅的格调。园景主体为自然风光，亭台参差、廊房婉转作为陪衬。庭园景观依地势而建，注重文化积淀，讲究气质与韵味，强调点面的精巧，追求诗情画意和清幽平淡、质朴自然的园林景观，有浓郁的古典水墨山水画意境。

中式庭园赏析

（4）主要造园手法。

“崇尚自然，师法自然”是中式庭园所遵循的一条不可动摇的原则，在有限的空间范围内利用自然条件，模拟大自然中的美景，把建筑、山水、植物有机地融合为一体，讲究虚实结合、若即若离的朦胧感觉。既要看到美景又要有一眼望不透的效果，使自然美与人工美统一起来，创造出与自然环境协调共生、天人合一的艺术综合体。

中式庭园讲究借景、藏露和小中见大，充满象征意味的山水是它最重要的组成元素，然后才是建筑小品风格，最后才是花草树木。造园时多采用障景、借景、仰视、延长和增加园路起伏等手法，利用大小、高低、曲直、虚实等对比达到扩大空间感的目的，产生“小中见大”的效果。另外，中式庭园特别重视寓情于景，情景交融，寓意于物，以物比德，人们把作为审美对象的自然景物看作是品德美、精神美和人格美的一种象征。例如，种植梅、兰、竹、菊，隐喻主人的虚心、有节、挺拔凌云、不畏霜寒的君子风范。

北京朱雀门庭园景观效果图

色彩和构图：中式庭园色彩较中和，多为灰白色。构图上以曲线为主，讲究曲径通幽，忌讳一览无余。

铺地和材料：铺地材料采用天然石材、青砖、卵石为主。

构筑物：中式庭园讲究风水的“聚气”，庭园构筑物以木质的亭、台、廊、榭为主，月洞门、花格窗式的黛瓦粉墙起到或阻隔或引导或分割视线和游径的作用。

植物：庭园植物有着明确的寓意和相对应的位置。如屋后栽竹，厅前植桂，花坛种牡丹、芍药，阶前梧桐，转角芭蕉，坡地白皮松，水池栽荷花，点景用竹子、石笋，小品用石桌椅、孤赏石等。而作为“岁寒三友”之一的竹，则以其纤细的外表和坚韧的品格，成为中式庭园里出现最多的植物之一。中式庭园最具代表性的植物为梅、兰、竹、菊等。

中式庭园一般采用浓密的植物配置，运用季节的变化，栽种观叶、观花、观果的不同树种，达到四季有景可观，色彩多样的效果。乔木、灌木、花卉与草坪形成一幅立体的风景画，层次分明突出各种植物的形态美，同时也与古朴的景观建筑搭配，使整个庭园看起来多变化和富有生命力。简单、古朴的小品作为点缀庭园之用，例如古水井、棋盘等为庭园增添丰富的趣味感。

6.2 日式庭园

（1）特点：简练而精于细节。

（2）常见元素：碎石、残木、青苔、石灯、整形树。

日本瀑松庭实景图（1）

日本瀑松庭实景图（2）

（3）设计理念。

日本庭园源自中国秦汉文化，至今中国古典园林的痕迹仍依稀可辨，受中国造园文化的影响很深。它也可以说是中式庭园一个精巧的微缩变异版本，细节上的处理是日式庭园最精彩的地方。日本的庭园追求的不是形式，而是一种气氛。日本人会将所有心思用于创造气氛，例如幽静、雅致、闲寂和幽邃等。日本庭园之美，在于它把大自然的美和人工的美巧妙结合起来，体现着日本人特有的审美情趣，这主要由于日本岛国气候四季分明。它的庭园设计精美，用料精细，尤其受到宗教、文化、历史和风俗习惯影响，一座精美的庭园往往都映射着文学、绘画、书道、花道、茶道的影子，成为荟萃精华的艺术作品。

（4）主要造园手法。

日式庭园在模仿中国传统山水庭园的过程中，逐步摆脱了诗情画意，走向了枯寂陀的境界，形成了人们所熟知的“枯山水”庭园，此外，日式庭园还有几种类型，包括耙有细沙纹的禅宗花园，融湖泊、小桥和自然景观于一体的古典步行式庭园，以及四周环绕着竹篱笆的僻静茶园。日式庭园真、行、草的造园手法，表示了由繁到简、由仿真到拟意的不同风格样式。庭园凭着对水、石、沙的绝妙布局，用质朴的素材、抽象的手法表达玄妙深邃的儒、释、道法理。

风格和色彩：日式庭园的整体风格宁静、简朴甚至是节俭。它色彩奇妙，里外都泛着灰色，而不是俗气的艳色，各种润饰也降到最低限度。用园林语言来解释“长者诸子，出三界之火宅，坐清凉之露地”的境界。

铺地和材料：日式风格的庭园更注重地面的装饰，庭园中洋溢着一股生命的力量。日式庭园中的小路具有很强的实用性，绿化后还有观赏性，还能供人散步。路面铺装材料很多，有吉日小草、石头、石板、瓦片、水泥、天然石头等。

木质材料，特别是木平台在日式风格的庭园中经常使用。在传统的日式风格的庭园中，铺地材料通常选用不规则的鹅卵石和河石，还有丹波石和大理石铺装。此外，还有碎石、残木、青苔石组和竹篱笆。

水景：日式庭园中离不开水，根据个人喜好和庭园面积的不同，可以是一处带有木制拱桥的池塘，可以是角落中一个洗手钵，或是象征大海和岛屿的沙池和岩石。水不但能为庭园增添景观魅力，还充满了东方式的哲学和禅思。

特色和润饰：一尊石佛像或石龛或岩石是这类风格不可缺少的，同时飞石、汀步和洗手的蹲踞及照明用的石灯笼是日本庭园的典型特征。

植物：应用常绿树较多，一般有日本黑松、红松、雪松、罗汉松、花柏、厚皮香等；落叶树中的色叶银杏、槭树，尤其是红枫也常被选用；樱花、梅花及杜鹃等也常包含其中。在栽培容器方面，石器是比较传统的，可摆放在庭园中关键的位置。

6.3 东南亚式庭园

（1）特点：粗犷自然、休闲浪漫。

（2）常见元素：中心亭、水池、动物雕塑、青铜和黄铜、木材和其他的天然原材料。

（3）设计理念。

庭园景观属“湿热型”热带景观的范畴，以东南亚资源丰富、多姿多彩的热带观赏植物为特色，追求独特自然风格，注重对遮阳、通风、采光等问题的解决，且注重对

东南亚式庭园（1）

日光和雨水的再利用，从而达到节省能源的效果。所以，外观一般比较通透和清爽，例如百叶式的白色外墙、绿色的墙面。此外，遮阳的处理也是东南亚庭园的特色。

（4）主要造园手法。

充分运用当地材料，植物、桌椅、石材等都取材当地，强调简朴、舒适的度假风情。清凉的藤椅、泰丝抱枕、精致的木雕、造型逼真的佛手、妩媚的纱幔等营造东南亚风格，让人无负担地随性坐卧，舒缓紧张情绪，抛开纷扰的俗世，遗忘身边的繁杂。

色彩：偏爱自然的原木色，大多为褐色等深色系，有泥土的质朴，加上布艺的点缀搭配，使气氛相当活跃，布艺多为深色系，且在光线下会变色，沉稳中透着贵气。适用藤、麻等原始纹理材料，用色为暖黄色和深咖啡色。

植被选取：在东南亚庭园中，植物是突显热带风情关键的一笔，尤其以热带大型的棕榈树及攀援植物效果最佳，最常见的热带植物还有椰子树、绿萝、铁树、橡皮树、鱼尾葵、菠萝蜜等，其形态极富热带风情，是营造东南亚风格庭园的必备品。

东南亚式庭园（2）

6.4 伊斯兰式庭园

（1）特点：亲切、精致、静谧。

（2）常见元素：水池、喷泉、林荫树、五彩植物、蓝色瓷砖。

（3）设计理念。

由于干旱少雨、土地贫瘠、植被稀疏的地理条件限制，喜爱林荫树，高墙内植树，同时认为世界是形和色的世界，设计多采用花草、几何、数字图案精美线条和鲜艳色彩，在构图上讲求规整矩形，追求单纯几何形。

（4）主要造园手法。

水是伊斯兰园林的灵魂，阿拉伯人原是沙漠上的游牧民族，祖先逐水草而居的帐幕生涯对“绿洲”和水的特殊感情在景观艺术上有着深刻的反映，水成了伊斯兰景观的灵魂。在所有伊斯兰地区，对水都爱惜、敬仰，甚至神化。伊斯兰园林景观以喷泉或水池为中心，喷泉的水经十字形水渠向四面流去。由于地处干旱少雨的地域，水源非常有限，加之庭园面积一般不大，自然不会采用大型水池或巨大的跌水、喷泉，而往往采用小型的盘式涌泉的方式，水几乎是一滴滴地在跌落。水池之间以狭窄的明渠连接，坡度很小，偶有小水花。有的庭园甚至把水引入面向庭园的敞廊或厅堂，在敞廊或厅堂中央也造个喷泉，这不但使厅堂凉爽，也可造成室内外空间的穿插渗透，使室内外空间连成一片。阿尔罕布拉宫的狮子院就是如此。

世界园艺博览会世界庭院：西班牙伊斯兰园

“形和色”是伊斯兰园林的主要特征。波斯人有一种美学观，认为客观世界“有它自己的规律”，客观世界是“形和色”的世界。在这种美学观的影响下，园林景观也是以“形和色”为主要特征。

“形”的主要特征主要表现在：建筑、园林及其装饰大多追求单纯的几何性。在建筑方面，方墙、穹顶、尖塔，甚至连装饰图案都用精确的几何形，成了后来的所谓阿拉伯风（Arabesque），极富装饰性。庭园的整体格局是几何规则式的，以十字形水渠为中轴线将长方形庭园划分成大小一样的四块花圃，或者以此为基础，再分出更多的几何形部分，整个庭园力求构图精美，比例和谐。由于伊斯兰教严禁偶像崇拜，反对把具象化的人物、动物等生命体作为礼拜的对象来描绘，因此，以几何图形为基础的抽象化曲线纹样，就成了伊斯兰装饰艺术的突出特征。它大量使用几何纹或由曲线几何纹变化而来的植物纹等可以无限连续的纹样，形成变化无穷、色彩华丽、光影变幻的装饰效果。

“色”的主要特征表现在：建筑、园林及其装饰力求色彩缤纷的效果，这和当地自然界色彩过于枯燥有着一定的关系。伊斯兰艺术的色彩是主观性很强的装饰色彩，它已经彻底摆脱了自然色彩的生命状态，升华为精神色彩的生命指向。对稳定穆斯林的心理状态和加强建筑、园林、工艺品等实物的环境气氛起到了显著的作用。

在庭园装饰上，彩色陶瓷马赛克的铺设非常广泛，体现了伊斯兰装饰艺术崇尚繁复、不喜空白的特点。如贴在水盘和水渠底部、池壁及地面铺砖的边沿，甚至还大面积地用于坐凳的表面、园亭的内部、庭园的墙面等，这些色彩丰富、对比强烈的马赛克图案效果使得伊斯兰园林更加别具一格，也是对地处荒芜的人们在心理上的一种补偿。

由于自然界色彩过于单调，所以庭园里很重视花卉的栽植，而且比意大利和法国的花园都鲜艳得多。由于气候干燥，草坪花坛不易培植，西班牙伊斯兰园林还代之以五色石子铺地，组成漂亮的图案。

伊斯兰庭园景观还追求地毯式的景观效果。在干旱和炎热的环境条件下，典型的伊斯兰景观中的种植池都采用下沉式。在这种有隔水层的种植池里水分的蒸发、流失被减到最低，泉水得到最大的利用。此外，伊斯兰景观的观赏以坐观式为主，这与早先波斯人习惯席地而坐有关。伊斯兰园林的典型景观就是：水渠两侧夹着小径，四块花圃低于水渠和小径，花哨跟它们大致齐平，看上去像一块色彩绚丽的地毯。

6.5 地中海式庭园

（1）特点：抽象迷人、尊贵景致、色彩绚丽。

（2）常见元素：雕塑小品、仿真整形植物。

（3）设计理念。

地中海风格庭园是两方面因素的结合，其一是不加修饰的天然风格，其二是对色彩、形状的细微感受。以景观为焦点，对空间的分割来突出焦点并形成对比，有色彩鲜明的硬质景观、现代雕塑和富有戏剧性的水景。地中海式庭园能唤起人们的一些鲜明意象，如雪白的墙壁、铺满瓷砖的庭园、陶罐中摇曳生姿的花卉等。它的基础色调源自风景和海景的自然色彩，石墙或刷漆的墙壁构成了泥绿色、海蓝色、锈红色的背景幕墙。园内有大小形状不一的花盆，是这类庭园的一个显著特征，这是因为那里夏季气候非常干燥。地中海风格庭园遍及西

地中海风格景观

班牙、葡萄牙、希腊及法国等。

（4）主要造园手法。

地中海风格代表一种特有居住环境造就的极休闲的生活方式。这种风格装修的庭院，空间布局形式自由，颜色明亮、大胆、丰厚却又简单。其装修设计精髓是捕捉光线，取材天然的巧妙之处。在设计上运用多种类型的空间搭配，集装饰与应用于一体，散发出自然清新的田园气息和文化品位。地中海庭园设计中，整体形状和布局至关重要，通过这两者把各种装饰元素组合在一起来影响整体的观赏效果。此类庭园的基本布局呈几何形状，将不加修饰的天然风格和对色彩、形状的细微感受巧妙地融合在一起。其中，露天就餐的悠闲和纯朴的生活方式都反映在总体的庭园设计中。

色彩：地中海风格偏爱使用象征太阳的黄色、天空的蓝色、地中海的青以及橘色，整体上来说不偏好清淡色彩。在我们常见的“地中海风格”中，蓝与白是比较主打的色彩，泥绿色、海蓝色、锈红色和暗粉红色常做背景色，土色和褐红色的陶罐里常种植粉红或红色的花草。

铺地和材料：多采用未经打磨的粗糙石板或是乡村风格的瓷砖。一些比较休闲的场合，用沙砾来填充边沿和走动较少的地方。大块的鹅卵石用来拼成曲折的线条和装饰小径路面。一般庭园都铺有陶瓷砖或石块。

座椅和构筑物：墙壁、栅栏、格子架、棚架和柱状物都可用来支撑攀援植物，营造幽静阴凉的环境。座椅上摆放一些具有传统色彩的软垫和垫木以取得柔和效果。木材、藤条和金属则是最受欢迎的装饰材料。在地中海风格的庭园中，陶罐是必不可少的装饰元素。

特色和润饰：院内各种形状和大小的花盆是地中海庭园的一个显著特征。

植物：地中海风格对应的植被类型为副热带常绿硬叶林，此类植物的特点为叶片一般较厚，叶表面有蜡质。常见的植物有仙人掌、多肉植物和棕榈树，还有针叶类植物，此外无花果和葡萄也都是必不可少的。棚架是地中海庭园的典型特征之一，可种植一些攀援植物，如叶子花、凌霄和白色茉莉花都是地中海庭园的经典植物。

6.6 法式庭园

（1）特点：装饰华丽、色彩浓烈、造型精美。

（2）常见元素：圆柱、雕像、凉亭、装饰墙、整形植物、喷泉、神龛。

（3）设计理念。

法式和意大利式庭园是欧式庭园的典型代表，基本上可以说是规则式的古典庭园，非常庄严雄伟，而且蕴含丰富的想象力，其起源可追溯到古罗马时代。当时，法国人和意大利人设计的这种庭园闻名于世，从而吹响了回归古典的号角。尽管法国和意大利不同，但是它们之间的相似之处还是显而易见的。修剪整齐的灌木和纪念喷泉，是这类庭园的主要元素；此外，庭园还有足够空间来建造一些装饰物，如日晷、神龛、供小鸟戏水的柱盆、花草容器等。

(4) 主要造园手法。

法式庭园主要以规则式造景为主，大气的台地式风格是法式庭园主要的景观布局，使建筑在大气的环境之中显得极为庄重。错落的台阶、高雅的雕塑、个性的花坛，使庭园整体显得宏大而华丽。运用大量的修剪形植物布置庭园，使庭园内充满丰富的造型景观，使整个庭园充满生命力；大气的喷泉布置使庭园景观赋有动态之美，也可用平静的湖面来衬托庭园，使整个庭园处于一种幽静的环境之中。在对景观尺度和比例非常了解的基础上，把整个庭园的小径、林荫道和水渠分隔成许多部分；长长的台阶变换着景观的高度，使庭园在整体上达到和谐与平衡；花坛的中央往往摆放一个陶罐或雕塑，周围种植一些常绿灌木，整形修剪成各种造型。

色彩和图案：这类庭园甚少使用色彩。园木大多为观叶类、灌木类和树木。花坛略带色彩，花草也用得十分稀少，花坛四周喜欢栽黄杨，里面一般只种颜色单一的同类花草。

绿城蓝庭法式合院

铺地和材料:草皮路、碎石路、大理石、条形石块与方形石块相结合，同时石板间可镶嵌小鹅卵石。

座椅和构筑物：这类庭园构筑物较复杂，包括圆柱、雕像、凉亭、观景楼、方尖塔和装饰墙等，其中活动长椅被广泛使用，通常由木料制成或不上漆或者涂上一层白漆或涂上一层淡绿漆。

特色和润饰：常见有日晷、供小鸟戏水的盆形装饰物、瓮缸和小天使；花草容器里种植可修剪植物，或放置古典装饰罐、白漆大木箱等。粗糙的小壁龛是这类庭园的典型特色。

植物：欧洲七叶树、梧桐、枫树、黄杨、松类大树、铁线莲以及郁金香等为常用植物。规则式花坛（通常植有树木，有时建有水景）曾一度是法国人景观设计的爱好，在花坛四周常常精心栽满了涡形或盾形的黄杨，花坛里则种有植物。

6.7 美式庭园

（1）特点：大气、浪漫。

（2）常见元素：草坪、灌木、鲜花、躺椅、秋千、烧烤架等。

（3）设计理念。

美国的先民们从遥远的欧洲来到这块新天地，为了逃避欧洲的腐败堕落，在没有欧洲封建宗教和制度的种种束缚下，去开拓一片崭新的世界。他们在这片广阔的天地间获得了最大的自由释放。面对整片荒野，他们感受到原始自然的神秘博大，心灵受到强烈的震撼。自然的纯真、朴实、充满活力的个性产生了深远的影响力，造就美国充满了自由、奔放的天性。

美式庭园（1）

（4）主要造园手法。

美式庭园景观追求自然之美。参天大树、生长繁茂的灌木、个性的溪水、茂盛的鲜花是美式庭园特有的布置方式，自然生长的花束使庭园处于自然的环境之中，随意的布置更能突显美式庭园充满活力的个性。在花丛与绿树之间生活是美国人所推崇的环境，因此，在美式庭园景观设计中，大气自然的表现手法是主要的设计风格，使美式建

美式庭园（2）

筑与庭园自然环境融为一体。

美国人对自然的理解是自由活泼的，现状的自然景观是其景观设计表达的一部分，自然、热烈而充满活力。许多的意外和戏剧化也应合了美国异想天开的创造力，好莱坞场景与生活场景的互换与重叠，将丰富的自然，如森林、草原、沼泽、溪流、湖泊、草地、灌木、参天大树等，引入城市与庭园中，在对自然的好奇和热爱中了解自然、融入其中。

6.8 英式庭园

（1）特点：天然的图画。

（2）常见元素：日晷、藤架、坐椅。

（3）设计理念。

讲究景物的自然融合，把花园布置得有如大自然的一部分，称之为自然风景园。18 世纪后半期，受自然主义和浪漫主义文艺思潮的冲击，这种景观形式进一步发展成为图画式花园，基本原则是“自然天成”，无论是曲折多变的道路，还是变化无穷的池岸，都需要天然朴素的图画式花园。

（4）主要造园手法。

英式庭园追求自然，渴望一尘不染，没有浮夸的雕饰，没有修葺整齐的苗圃与花木，园艺师的巧妙布置使花园如同大自然浑然天成的杰作。一般铺设草坪,设置小凉亭，带有尖头白色栅篱或白色格子墙。对于自然式小径，采用自然式栽植形式，树的枝形较开张和细柔。

庭园的铺地会因为自然风化而显出一种铜绿般的光泽，砖墙上爬满了青苔和地衣。园径两旁花草茂盛。

英国人非常喜欢自然的树丛和草地，尤其讲究借景与园外的自然

英式庭园

环境相融合，注重花卉的形、色、味、花期和丛植方式，出现了以花卉配置为主要内容的“花园”，乃至以一种花卉为主题的专类园，如“玫瑰园”、“百合园”、“鸢尾园”等。大片的草坪、孤植的大树、成片的花径美景是其经典景观。

6.9 德式庭园

（1）特点：精巧版画，人为痕迹重，突出线条和设计。

（2）常见元素：修剪、设计、搭配。

（3）设计理念。

德式庭园

在德意志民族的性格里好像有种大森林的气质：深沉、内向、稳重和静穆。歌德曾说过，“德意志人就个体而言十分理智，而整体却经常迷路”。理性主义、思辨精神和严谨而秩序，这已经成为德意志民族精神中的一部分。从２０世纪初的包豪斯学派到后来的现代主义运动，我们都能清晰而深切地体会到德国理性主义的力量。德国的庭园景观设计非常尊重生态环境，景观设计从宏观的角度去把握规划，使景观确实体现真正冥想的空间或“静思之场所”。它迫使观者去进行思考，超越文学、历史、文化常规，不断地对景观进行理性分析，辨析出设计者的意图及思想，充满了理性主义的色彩。

（4）主要造园手法。

德式景观是综合的理性化的，按各种需求、功能以理性分析、逻辑秩序进行设计，景观简约，反映出清晰的观念和思考。简洁的几何线、形，体块的对比，按照既定的原则推导演绎，它不可能产生热烈、自由、随意的景象，表现出的是严格的逻辑，清晰的观念，深沉、内向和静穆。自然的元素被看成几何的片断组合，但这种理性透出了质朴的天性，来自黑森林民族对自然的热爱，自然中有更多的人工痕迹表达，自然与人工的冲突给人强烈的印象，思想也同时得到提升。

6.10 现代式庭园

（1）特点：简约之美。

（2）常见元素：抽象雕塑品、艺术花盆、躺椅、秋千等。

（3）设计理念。

现代式庭园景观兼具古典园林的含蓄美，也充满现代气息的个性美，体现的是一种简约之美。现代风格的庭园最适宜建造在现代主义风格或 20 世纪末建成的建筑环境中。当然任何建筑，只要不是很典型的规则风格，都可以配合现代风格的庭园。在这类庭园中，在一花一草中展现着尊重历史、依托现实、实用美观的完美风格。在一点一滴里体现着庭园主人的喜好倾向和思想底蕴，考虑最多的是人性化空间和个性化风格。

现代式庭园

（4）主要造园手法。

色彩和图案：色彩对比较强烈，颜色艳丽多彩；构图灵活简单；在形状方面，主要是简单的长方形、圆形和锥形，既美观大方又不乏实用性。

铺地材料：石块、鹅卵石、木板、钢材、不锈钢、混凝土及经过镀锌处理的材料都可见到，包括光亮表面、锈色效果表面以及镀铅表面为主要材料等，还有玻璃和钢丝的应用。

构筑物：现代风格的庭园属于简约主义的庭园，强调简单的形式，材料都是经过精心选择的高品质材料。抽象雕塑品、艺术花盆等是这类庭园的主要装饰元素；躺椅、秋千和烧烤架赋予了庭园休闲的生活气息。

植物：植物能够起到柔化坚硬的建筑材料的作用，垂直高大的植物在结构和形象上效果非常好。在现代风格的庭园中经常运用高大、狭长的线条来同低矮的具有雕塑风格的植物达到视觉上的平衡。此外还多用竹子、新西兰亚麻、丝兰等装饰局部景观。

特色和润饰：主要通过新材料的引用、质感的不同、小品色彩的大胆对比、简单抽象元素的加入等，突出庭园的新鲜、时尚、超前感。

第 7 章 小庭园景观设计实景分析

DIQIZHANG XIAOTINGYUAN JING
GUAN SHEJI SHIJINGFENXI

7.1 西溪悦榕庄

由何光正主设计的西溪悦榕庄隐逸于杭州西溪国家湿地公园，包括 36 套宽敞的套房和 36 栋别墅，共 72 栋建筑组成，各房型面积至少 120 ㎡。酒店内建筑粉墙黛瓦、小桥流水，处处彰显着江南风姿。景观设计借鉴中国传统古典园林，一山一水，一树一花，一砖一瓦，所有的一切都宛自天开。园内景观以流水为中心徐徐展开，水元素贯穿全园，曲折有致的小河，伴着徐徐微风，两岸杨柳拂堤，花香扑鼻，鸟叫蝉鸣，漫步其中，自是一番恬静优雅。设计强调与生态和谐统一，因此在建设初始阶段就不惜耗费人力物力保持原有湿地景观，设计以最为自然的手法将人引于景中，为游人娓娓道来一幅梦境般的江南画卷。

西溪悦榕庄实景（1）

西溪悦榕庄实景（2）

西溪悦榕庄实景（3）

西溪悦榕庄实景（4）

西溪悦榕庄实景（5）

7.2 上海国金中心商场屋顶花园

由 Pelli Clarke Pelli Architects 为主设计的上海国金中心商场屋顶花园位于上海国金中心 IFC 商场顶层。园区巧妙地利用地势变化和铺装形态创造不同的空间体验，各景观要素极具线条感。浅色花岗岩和防腐木搭配使用，以此界面方式区分空间，营造不同的空间特性。主空间以石材铺装安排道路流线，副空间采用木质铺装界定为休憩平台，安置具有休憩功能的花池、座椅。建筑内侧的植物、石材混合设计的景墙独具特色，柔化了硬质景观同时带来了极佳的观赏效果。张拉膜亭和不锈钢带型雕塑造型十分具有动感，赋予花园空间大气硬朗的现代气质。

屋顶花园实景（1）

屋顶花园实景（2）

屋顶花园实景（3）

屋顶花园实景（4）

屋顶花园实景（5）

7.3 西子湖四季酒店

由 Bensley 设计工作室 HCZ 景观设计和规划公司设计的杭州西子湖四季酒店坐落于美丽的西子湖畔，东靠杨公堤，南面西湖，北接灵隐路，占地面积 31500㎡。整体设计体现了中国古典园林“虽由人作、宛自天开”的理念，极具江南的诗情画意。

酒店充分利用自身的优势，为我们展现出了一幅曲径通幽、垂杨细柳、水光潋滟、朴素雅致的画面。设计中多层次地表现了看景与被看的关系。酒店沿大堂中轴线，形成两个庭院式客房区，在东侧布置别

西子湖四季酒店实景（1）

墅式客房并沿南方依次展开，形成了 3 个以自主庭院景观为中心的景观分区行走其间，庭院隐现其中，不可不谓恬静怡然。设计充分地考虑到景观的尺度、材料、形式，用丰富但不繁华的手法，通过独具匠心的安排展现了江南园林的灵秀风姿。

西子湖四季酒店实景（2）

西子湖四季酒店实景（3）

西子湖四季酒店实景（4）

西子湖四季酒店实景（5）

西子湖四季酒店实景（6）

西子湖四季酒店实景（7）

西子湖四季酒店实景（8）

西子湖四季酒店实景（9）

静安 8 号实景（1）

7.4 上海静安 8 号

静安 8 号是藏匿于台地上的一处日式庭园。通过九级台阶拾级而上进入庭园的入口，最醒目的莫过半身高的木门和高挂的日式纸灯笼。庭园四周的竹木高栅栏既充满了质朴的美感，又提升了花园的私密性。在栅栏的内侧密植一层南天竹等矮型灌木，柔化了视觉效果的同时弱化了园区边界。园门向院内退入 3~4 米，让庭园更显幽深，也为门口空地提供了更加充足的种植空间，丰富了庭园的立面层次。视线转入庭园内，豁然开朗，空间景色小巧而精致，在市井之中隐匿着的宁静。庭园虽小，五脏俱全，青石板结合卵石、砾石的铺路朴素而雅致，小路两旁的花池、石槽、石灯等，无不透露出设计师的精巧用心。

静安 8 号实景（2）

静安8号实景（3）

静安8号实景（4）

静安8号实景（5）

静安8号实景（6）

静安8号实景（7）

7.5 和家园阳光庭园

和家园庭园内设计了喷泉、种植园、户外餐厅等区域，形成了花园式的景观，同时又通过巧妙布置，营造出了家的温馨和舒适。花园由硬质景观和软质景观和谐搭配而成，其中硬质景观包括石铺地面、喷泉等。软质景观主要体现在设计师独具匠心的植物搭配上，无论是在颜色还是形态上都各具特点，为庭园带来了一道清雅的风景。同时这些植物起到了分隔空间，增添空间层次的作用，为人们提供了舒适的娱乐休闲空间。庭园所采用的装饰材料色彩和植物的色彩相互和谐，给人简约、清新之感。此外，在不大的空间上创造了较丰富的竖向变化，为空间增添了趣味。

和家园阳光庭园实景（1）

和家园阳光庭园实景（2）

和家园阳光庭园实景（3）

和家园阳光庭园实景（4）

红郡实景（1）

7.6 红郡

由源界建筑设计咨询有限公司设计的万科上海“红郡”位于闵行区，占地 60880.2m^2，是一个纯粹的英伦风格别墅区，小区内以红砖建筑搭配茂盛大树，透露着精致典雅的气质，同时也传达着英式生活方式和莎翁文化。设计师仔细推敲人、建筑和植被间的关系，着重考虑景观对人们交流质量、健康程度的影响，以亲切适宜的景观尺度打造出和谐的庭园景观。无论是景观小品的设计还是地面铺装设计、种植设计都以最亲切自然的手法展现了现代居住庭园的舒适与惬意。

红郡实景（2）

红郡实景（3）

红郡实景（4）

红郡实景（5）

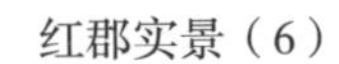

红郡实景（6）

红郡实景（7）

怀特别墅实景（1）

7.7 怀特别墅

位于查尔斯湖的怀特别墅景观由 Jeffrey Carbo 景观事务所设计。客户希望建造一个花园式的隐居处，有着供她的孙儿嬉戏的水池，有着让自己和朋友休憩娱乐的场所，可以容纳大约 25 人。客户还想建造一个小屋，可以让她远方的孩子回来有一个属于自己的天地。项目所在地夏季气候湿热，客户要求从停车库通往别墅的走廊的风格能够与设计的风格相一致，并且希望走廊可以一直延伸到水池旁。对于景观事务所来说，最大的挑战在于如何将客户所设想的变化多端的小路和遮盖区域与水池和客房融为一体，并且要突出花园水池的美丽。计划中包括一个大水池，平均深度为 1.2m，设有宽阔的阶梯和小温泉。水池圆

怀特别墅实景（2）

怀特别墅实景（3）

形的弧线与建筑物的棱角分明形成强烈的视觉冲击，相当有震撼力。池边的流水如同一道小瀑布跌落入水池中，发出悦耳的叮咚声，宛如天籁。青石和回收利用的砖块与草坪嵌格在一起，组成了聚会娱乐的舞台。

7.8 水样庭园

位于华盛顿湖的水样庭园设计了天然凉篷，排列整齐的黄杨木林和竹林穿插在房屋的交界处，形成了天然的框架。为了强调景观和房屋的内外一致性，入口处的石步道一直延伸到屋内的落地窗处，从该处可以欣赏到华盛顿湖的优美风光。水桌的设计从房屋的中心轴线处延伸到30.48米以外的华盛顿湖南岸，使得蒙德里安的抽象画在此处得到生动的体现。华盛顿湖的湖水仿佛已经与房屋连为一体，触手可及，将室内外的空间和自然景观亲密无间地结合在一起。房屋和景观的设计中充分考虑到了耐用性和防暑等因素。燕麦草、本土草莓等植物被用作房屋和车库的绿色顶棚，有助于减小热岛效应，并在暴雨来袭时防止大量雨水涌入华盛顿湖。环绕房屋的格架和遮阳棚上爬满藤蔓，使得房屋和花园的整体感更强，同时也能在夏天阻挡强光，既美观又实用。不论是从环保的角度还是艺术的角度，该景观都在尊重该地实情的基础上，使景观、艺术和建筑达到了和谐统一。系统而独立的景观设计将人们带到了一个充满惊喜、井然有序的安静空间。立体而精美的水桌与涌动的华盛顿湖构成了绝妙的对比，彰显出不同的意境。景点虽不华丽，却体现出了当地的独特韵味与业主独到的品位。

水样庭园实景（1）

水样庭园实景（2）

水样庭园实景（3）

现代变形花园实景（1）

7.9 现代变形花园

位于美国马林郡的现代变形花园由吉尔·克莱尔和珍妮弗·穆林主设计。临街的庭园设计简洁、时髦美观。五颜六色的花圃采用了低耗水量植物，花圃的地面可以保持水土。人行道两边的大型混凝土花槽既起到了遮蔽作用，又在门前提供了一个平坦的区域。人行道两旁的新西兰亚麻和大门一起遮蔽着户外就餐和休息空间。景观建筑和各色植物的颜色与房屋的现代感相得益彰，让庭园仿佛是住宅的拓展。低耗水量草坪是儿童的游戏空间。垫高的风化花岗岩露台围绕着月桂树展开，人们可以在树荫下享受温暖的炉火或是就餐。围绕着草坪种植的多浆植物、青草和抗旱植物为入口增添了色彩。长方形铺地砖被卵石围住，兼具渗透性和质感。

7.10 阳光庭园

位于日本青森县市街区近郊新镇的住宅庭园由新堂腁二设计。户主提出的要求是：一个带壁泉的水池和水中照明，既可用于陈列盆栽，又可作为带屋顶的车辆停放场或临时使用的木制仓库。户主还希望拥有一个绿色满园的和谐花园。

设计师思考并商讨了以壁泉为

现代变形花园实景（2）

现代变形花园实景（3）

现代变形花园实景（4）

中心的规划，将重点放在了彻底消除狭小空间，提高功能性上。在收纳空间的布局上，根据收纳物品的特点，集中设置在了过道上。这样一来，一条一直通往小菜园的小径就诞生了。主庭的布局是重点也是难点，设计师将视线主要集中在通过草坪、树木、地被植物三种元素构成和谐庭园这一主题上。从西洋风格的藤架望过去，壁泉显得别致而抢眼。从壁泉上滴落的水声和穿过水的阳光将满庭绿色衬托得格外美丽。

7.11 白岩湖滨别墅

位于美国达拉斯的白岩湖滨别墅景观由哈克设计集团设计。景观设计起到了一种催化剂的作用，在别墅和其周围的环境之间建立了积极地对话，用形形色色的植物装点了公园和湖滨的风景。屋后的门廊里开辟了一个幽静之处。花园栅栏设计是用田园风篱笆改造。各色的植物营造了一个低灌溉、低维护的庭院。低矮的格栅围墙将庭院与街道隔离开，营造出一种独立感和界限感。围墙和街道之间的区域种满了野牛草和紫丝兰，点缀了湖畔的草地。墙上的开口将人引到石灰石台阶，进而来到别墅的草坪平台。

阳光庭园实景（1）

阳光庭园实景（2）

清澈的椭圆形水池嵌在廊外的景观阶梯上，周围围绕着形状巨大的石灰石板，形成独特的景观。

白岩湖滨别墅实景（1）

白岩湖滨别墅实景（2）

白岩湖滨别墅实景（3）

白岩湖滨别墅实景（4）

7.12 帕玛谷花园

位于美国特鲁罗的帕玛谷花园由基斯•勒布兰克景观设计事务所设计。狭窄的通道直通入口花园。花园和别墅建筑紧密相连，里面种植着大量植物。架高的木板路和建筑采用了相同的材料。木板路的对面是茂密的多年生植物。这些郁郁葱葱的植物一直蔓延到主屋的游泳池。另一侧是一面木瓦墙，它像别墅的附属结构一样，遮蔽着里面的庭园和泳池区域的开阔恰好相反，乘凉平台上方的缝隙让渗透进来的点点阳光极其柔和而自然。“森林穹顶”下方铺着大量的青石和卵石，形成了一个小小的休憩场地。南侧的门廊下也有一些休息区。门廊中有张扬的姿态，既像是建筑的一部分，又形成了独特的景观效果。

帕玛谷花园实景（1）

帕玛谷花园实景（2）

帕玛谷花园实景（3）

帕玛谷花园实景（4）

帕玛谷花园实景（5）

帕玛谷花园实景（6）

第 8 章　小庭园景观设计方案分析

DIBAZHANG XIAOTINGYUAN JING
GUAN SHEJI FANGAN FENXI

8.1 政府机关中庭和屋顶花园景观设计

主设计：武文婷　张鑫磊　常俊丽

红色是贯穿该景观设计的主题，在以下庭园、花园的设计规划中都以红这一元素联系其间。底层庭园、屋顶花园设计时充分考虑了尺度及气候条件，使各个元素能在狭小的空间内有机组合进而创造出一种人性化的空间。设计时遵循了两个原则，一是以人为本设计大量的景观铺地，同时考虑了人们游玩休息的心理，设置了座椅为人提供休息场所，开放空间和封闭空间、软硬铺装形成对比；二是生态原则，采用乡土树种，种类和数量都比较少，且都是低矮乔、灌木和草本植物，盆栽植物作为补充，基本上取得了三季有花的效果。

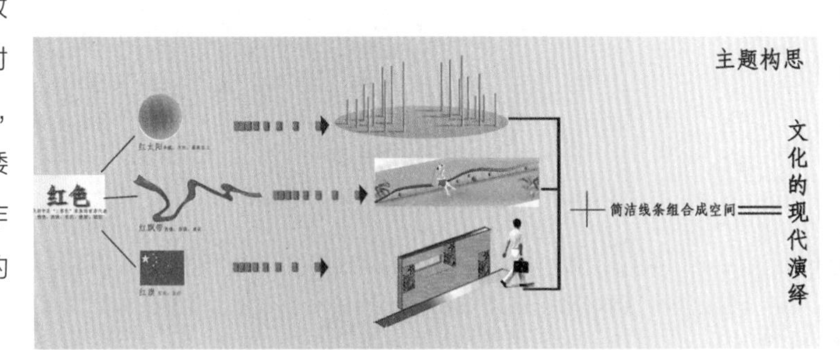

主题构思

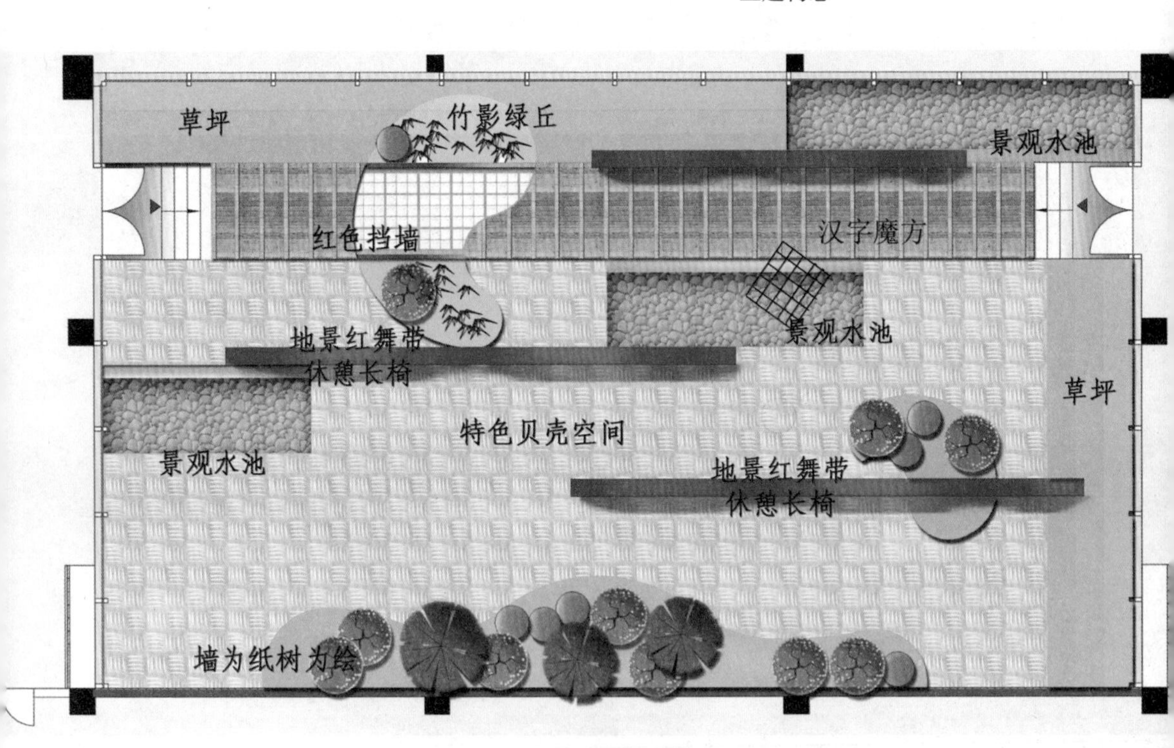

一层庭园平面

一层庭园效果

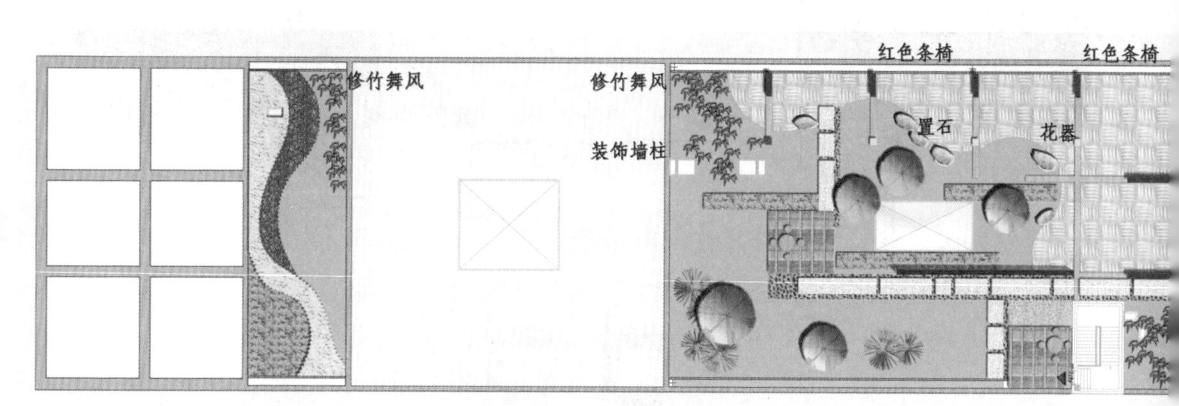

屋顶四楼东花园平面

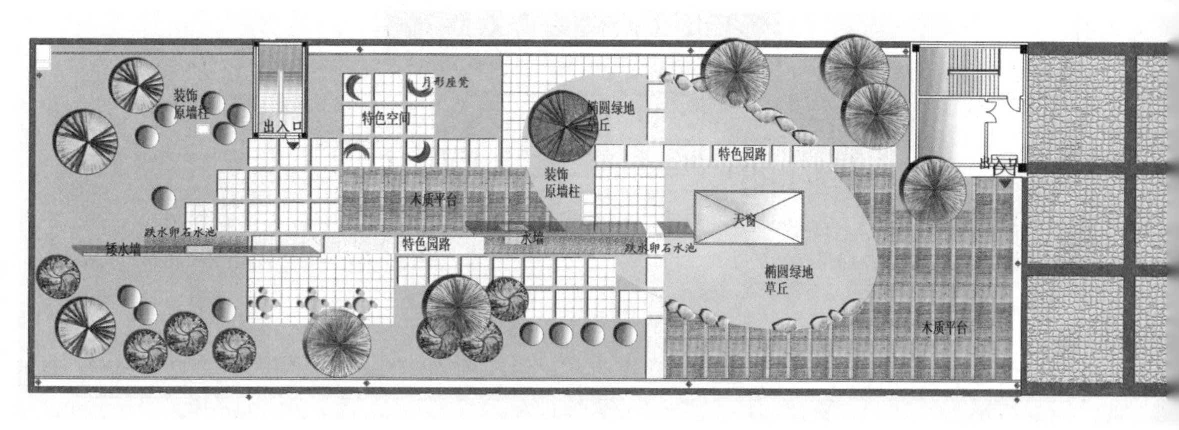

屋顶四楼西花园平面

8.2 别墅庭园景观设计（一）

主设计：张凌霄　武文婷

碧桂园庭园由三种空间类型组成，分别是：公共空间、半公共空间、私密空间。住宅入口处的公共空间视野开阔，两侧栽植丰富的植物以营造轻松愉悦的氛围；建筑四周的私密空间更为隐秘、安静，可布置沙发、座椅等家具；门厅作为半公共空间则起到了空间性质上的过渡作用。为了协调地中海式的建筑风格，在景观设计上同样以质朴、自然、艺术的手法描绘庭园风景，将室内外的空间舒适地联系起来，创造出充足的休闲、活动空间。植物种植以密植分割空间；疏植创造开敞活动空间；精致种植与花境增添空间氛围；并结合利用地形的细微变化营造出活泼多变的景观特质。

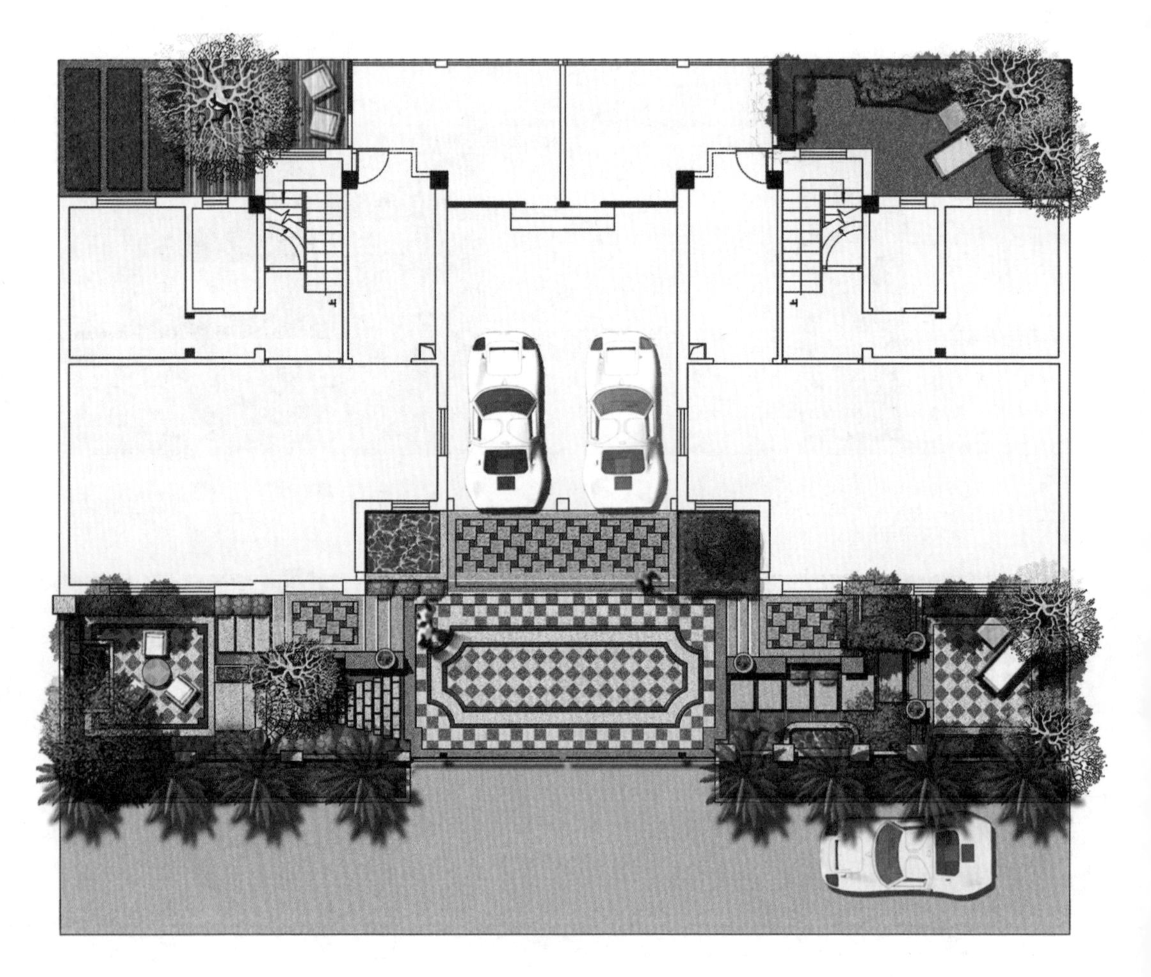

碧桂园庭园平面图

碧桂园庭园立面图

碧桂园庭园效果图（1）

碧桂园庭园效果图（2）

碧桂园庭园效果图（3）

碧桂园庭园效果图（4）

碧桂园庭园效果图（5）

碧桂园庭园效果图（6）

碧桂园庭园效果图（7）

8.3 别墅庭园景观设计（二）

主设计：夏国元　武文婷

阳明谷晔阳苑庭园工程结合建筑形制，取得了建筑、景观和谐统一的效果。建筑周边采用乔、灌木密植的栽种手法并植以带状绿篱，在分隔空间的同时营造宁静的庭园氛围。庭园内部采用硬质铺装搭配草坪、各色花境、矩形花池、水景、泳池，视觉上或空间尺度上都能给人体带来舒适的感觉。围绕着泳池四周视野开阔，特色景墙巧置其中，空间景观简洁，但富于变化，结合场地微妙的地势特点，独具匠心地安排景观要素，使得景观层次更为丰富。在整体景观规划中大面积休憩场所的安排为人们提供优质的观景、休闲平台。

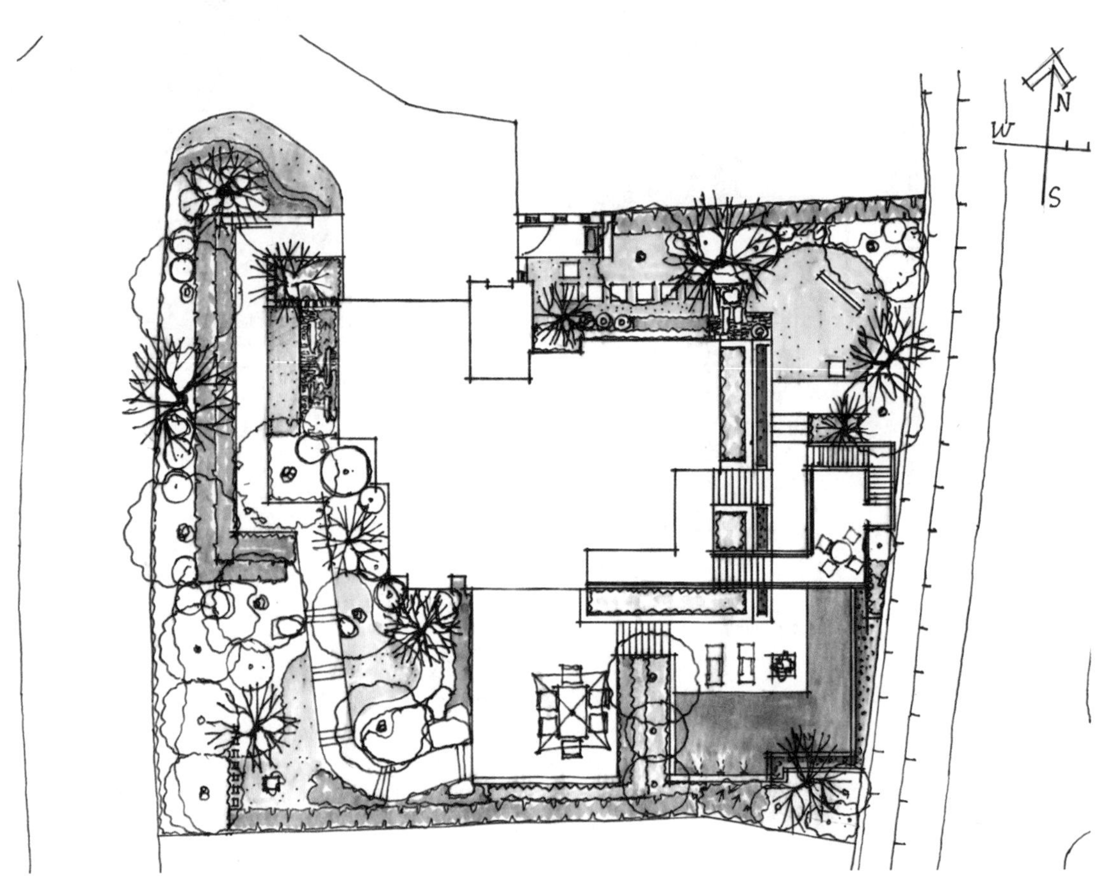

晔阳苑庭园总平面图

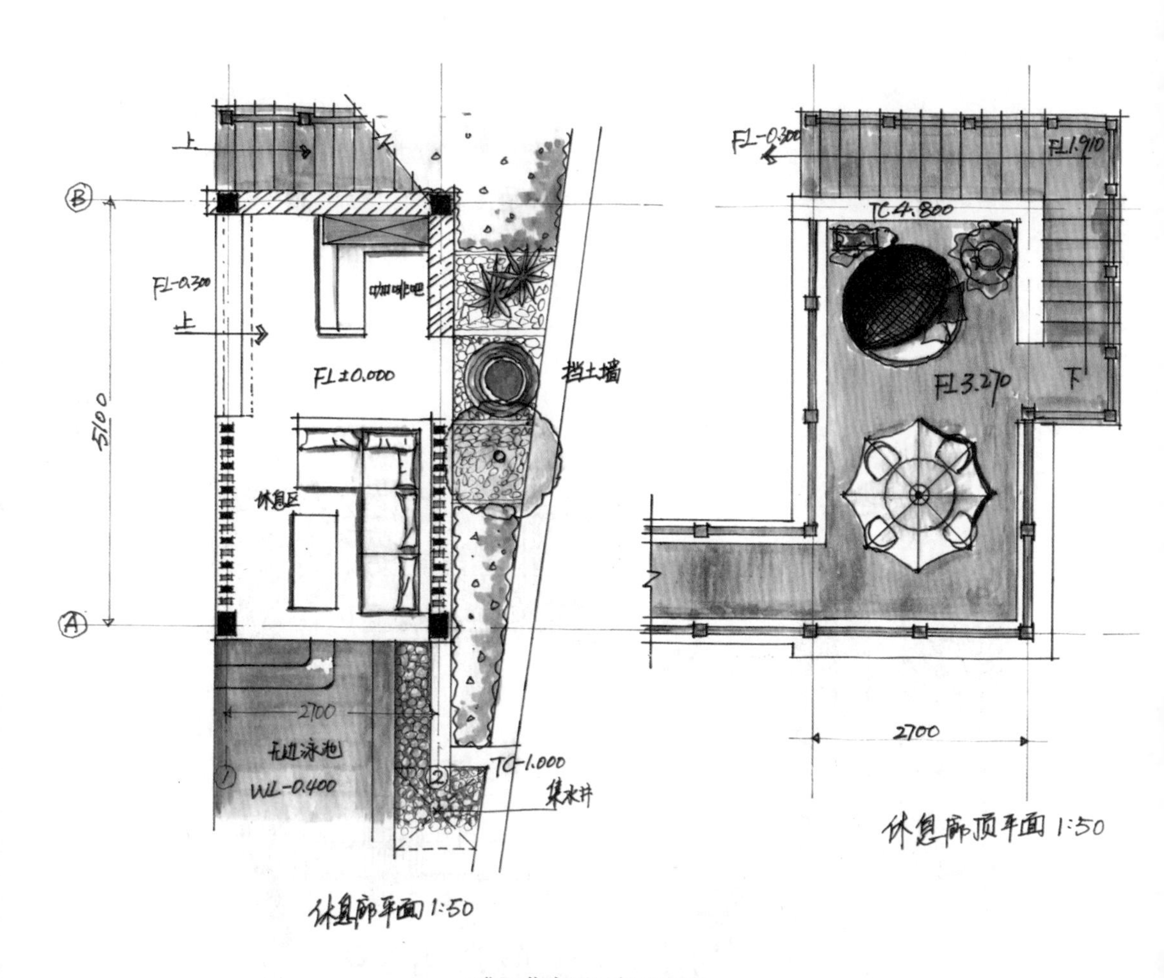
上
B
FL-0.300
上
咖啡吧
FL±0.000
挡土墙
5100
休息区
A
2700
无边泳池
WL-0.400
TC-1.000
集水井
休息廊平面 1:50
FL-0.300
FL1.910
TC4.800
FL3.270
下
2700
休息廊顶平面 1:50

畔阳苑庭园局部平面图

晔阳苑庭园效果（1）

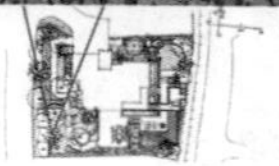

晔阳苑庭园效果（2）

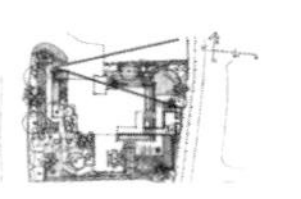

晔阳苑庭园效果（3）

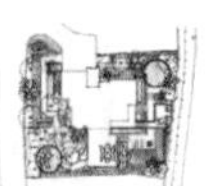

晔阳苑庭园效果（4）

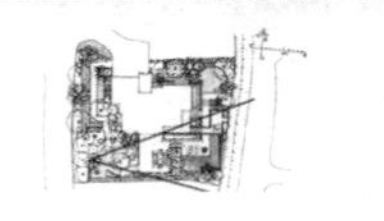

晔阳苑庭园效果（5）

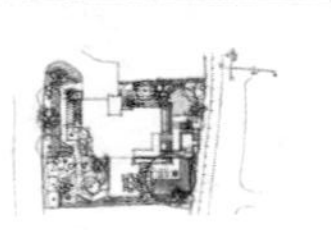

晔阳苑庭园效果（6）

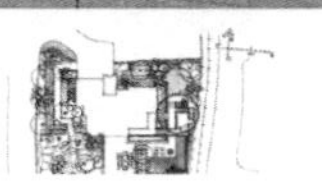

晔阳苑庭园效果（7）

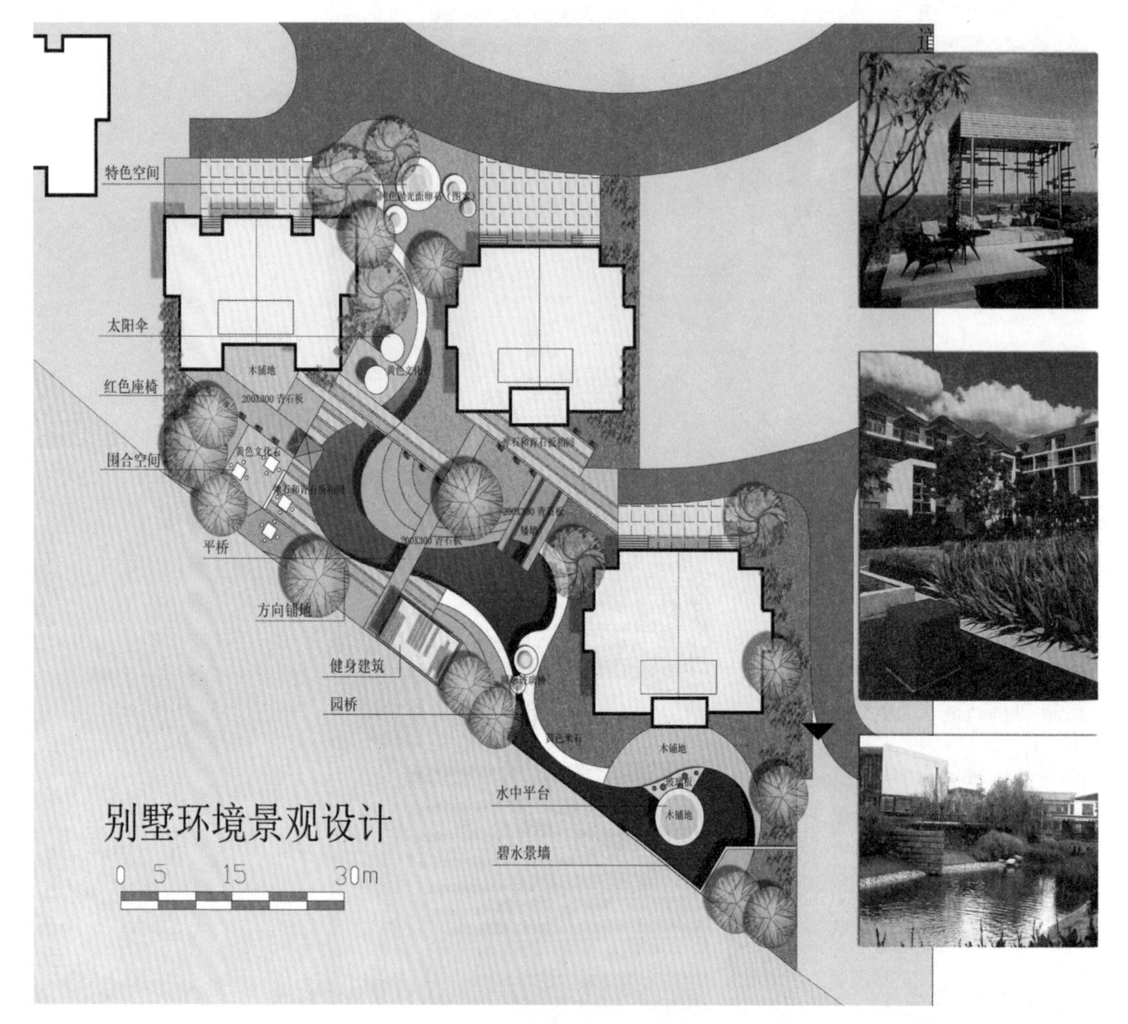

别墅庭园设计平面图

8.4 别墅庭园景观设计（三）

主设计：武文婷 张鑫磊 常俊丽

作为 3 幢别墅的公共庭院景观设计，不仅要满足住户的功能要求，更要起到联系景观的作用。总体布局走向为 3 幢别墅建筑的连接方向，即以与水平方向呈 45° 的斜线道路、空间、建筑以及水体为主体。呈 45° 的斜线道路联系 3 幢建筑的出入口，延伸的道路遇到水体灵活改变为平桥，道路局部扩大形成可以休憩的空间。斜线道路与和它垂直的道路共同围合成方形多要素的虚空间，里面包括水体、亭、铺地以及绿地。

自然的水体来回蜿蜒在别墅庭院空间中，自西到东依据地形顺势而流，基本上在建筑的前方，形成“前水后树”的格局。自然开合的水体被道路平桥、圆形汀步分隔为大小空间不同的 4 段，营造了不同的水体空间。水体周边设计为木栈道、观景空间、伸水平台以及缓坡草坪，满足人们对水的不同需求。设置的景观建筑和设施包括健身场馆、碧水景墙、亭、太阳伞以及座凳等，其位置与布置方位适应庭院景观的总体布局以及局部景观的需求。

8.5 中学庭园景观设计

主设计：武文婷 张鑫磊 常俊丽

宿州一中庭园包括把握今天和面向未来两个庭园。把握今天的庭园：整体布局采取休憩和活动的铺装在庭院的南部，阳光可以照射到此空间，可增强使用率，绿地在北部阴面，种植耐阴的植物。景观设计形式为三角形、方形的花坛点缀铺装地，曲径通幽的自然道路蜿蜒在绿地中。方形花坛中竖立雕刻“今天”的景石，

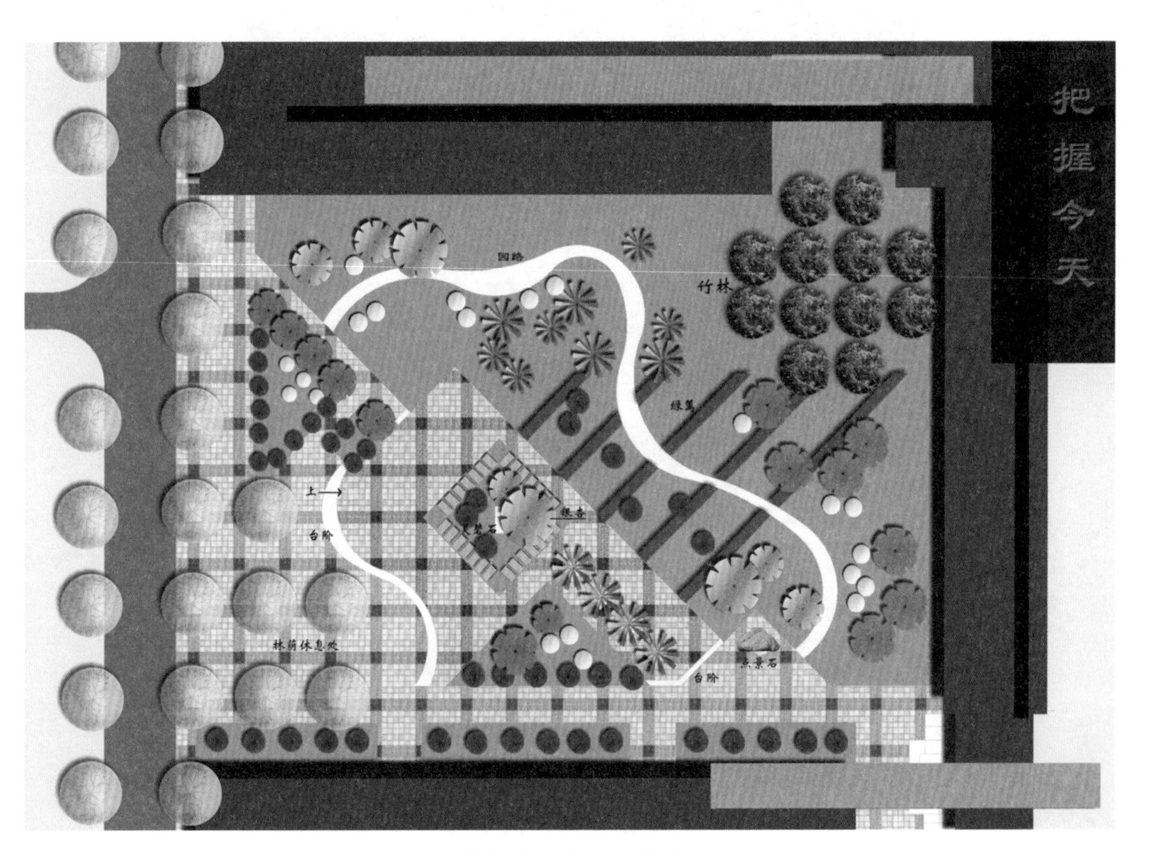

把握今天庭园平面图

把握今天庭园效果图

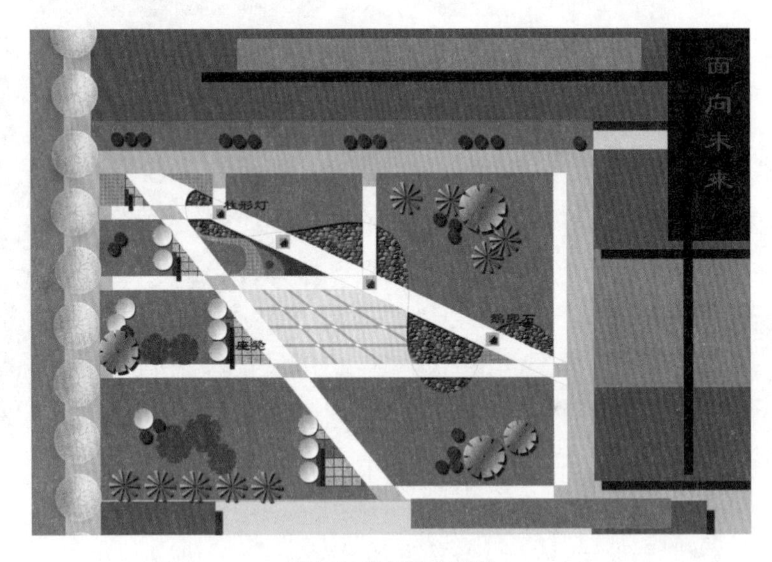

面向未来庭园平面图

面向未来庭园效果图

寓意同学们要把握好今天才能有灿烂的明天。面向未来的庭园：利用渐变韵律控制庭院的布局。渐变韵律指连续重复的条形道路、座凳、三角形铺地以及绿地等景观要素自上而下按照一定的方向和秩序而逐渐增大的变化。斜线道路直接连通周边道路，形成一帆风顺的意向，蜿蜒曲折的卵石道路比喻人们在人生路上的蹒跚脚步，寓意学生要对未来的路慎重选择。

8.6 住宅区庭园景观设计

主设计：张鑫磊 常俊丽 武文婷

景观布局采取混合式，活动空间为几何式，而水体和散步道路为自然式。景观的起始与左侧小区次入口

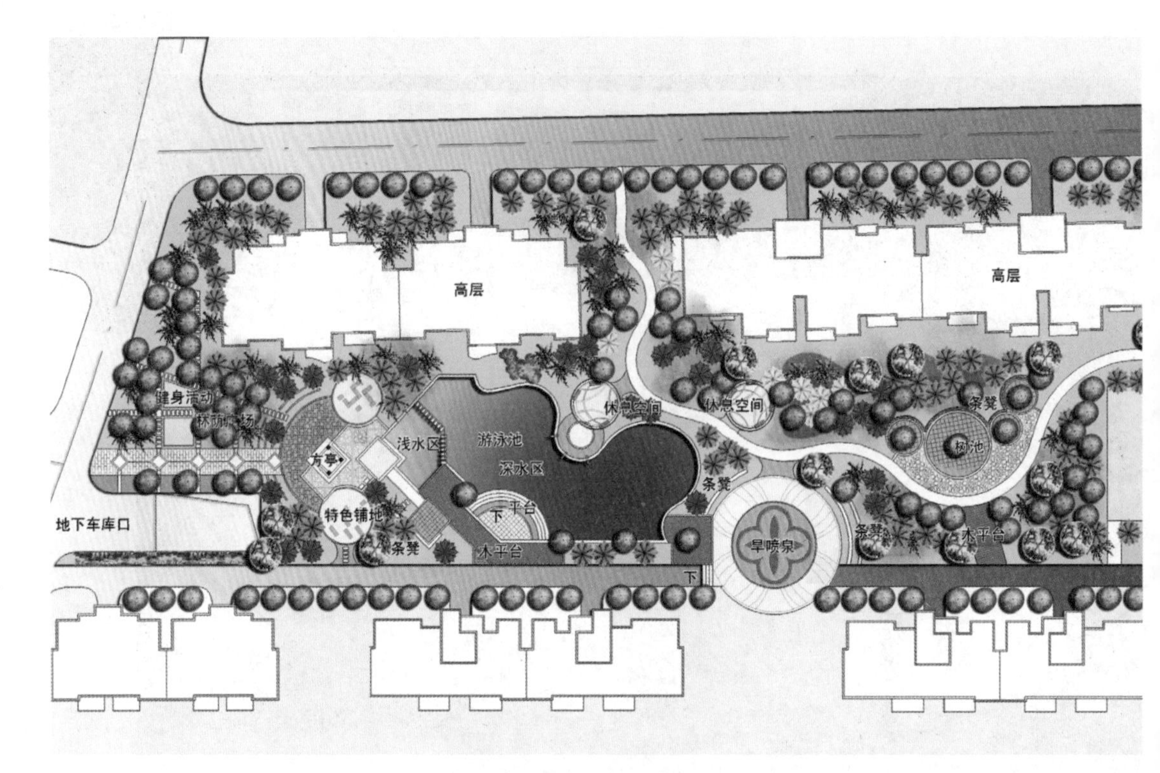

惠利花园三期某庭园平面图

相呼应，采用规则的带状空间延伸入口景观至方亭所在的半圆形空间中，与水体衔接部分采用和方亭相协调的方形空间，并且形状向右下方衍生通过两个方形空间、条带空间的转换与建筑入口道路相衔接。其他绿地中利用自然的道路连接圆形的活动空间。右半部绿地中放置网球场地，周围布置行列式乔木，起到遮阴和隔离噪音的作用。

惠利花园三期某庭园效果图

8.7 世界园艺博览会展区庭园景观设计

主设计：夏国元 武文婷

浙江展区位于中华园中部 R-01-07 地块，面积 914㎡，出入口朝东，呈梯形。地块北高南低，西高东低。南北高差约 1.2m。东北角高程为 81.5m，南北坡度为 4%。

展区以钱塘江潮为创作灵感，以“潮”为设计元素，概括了浙江的地理风貌、人文特征和改革精神。设计利用叙事手法，按时间推进情节，与游人行径一致。游人，于潮水间行进；思绪，于潮水间游走。

布局上根据时间线和游进线构成环路，并最大程度延长游进时间，容纳更多游人并充分展示内容。空间上 1/3 的幽闭空间和 2/3 的开放空间，使游人形成不同的心理变化，切合设计表达的意境和价值观。构图上以不规则线为构图元素，对应“潮”的空间形态，同时营造出自然、有机的环境界面，契合大自然的随机性和天然性。

该设计具体以 5 章情节诉述浙江故事。第一章，土地记忆。设计表达了浙江海退后的滩涂演变成陆地的过程。以森林为力量，土地渐渐淡化，变成沃土。第二章，农耕印象。以农耕文化表达人类对自然索取的开始，也表达这种索取对自然的少量破坏和可接受程度。同时，在岩壁上雕刻浙江的河姆渡文化和良渚文化。第三章，城市控诉。报废的车辆、枯死的树、被锯后留下的树桩、钢筋混凝土柱林，钢筋、沙漠化土地，均在控诉人类的工业化和城市化。第四章，生存思考。游人由幽闭的空间转入开放空间。设计提供了简单、干净的空间，让人释放情绪，并开始思考人类该如何继续？设计提供了草坪空间，并设置了思考者雕塑，地面写着大大的问号。另外，在坡地草坪一侧，设置的洼地形休息床，让游人躺下，视线内收入的绿色和蓝天，让人感悟与自然友好的可能。第五章，自

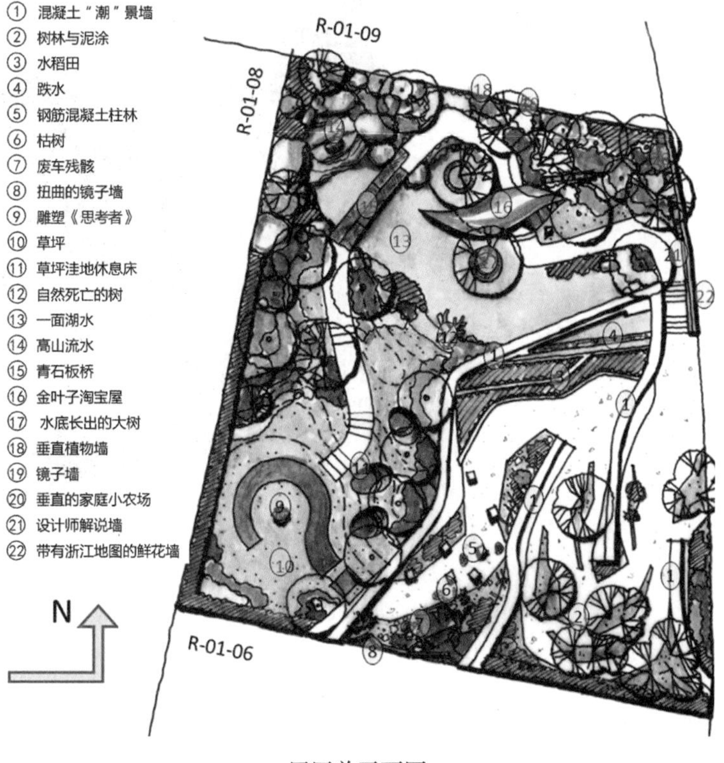

展区总平面图

① 潮园入口
② 土地记忆
③ 农耕印象
④ 城市控诉
⑤ 生存思考
⑥ 自然回归

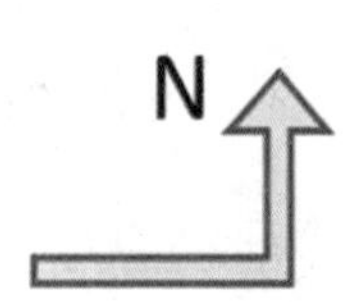

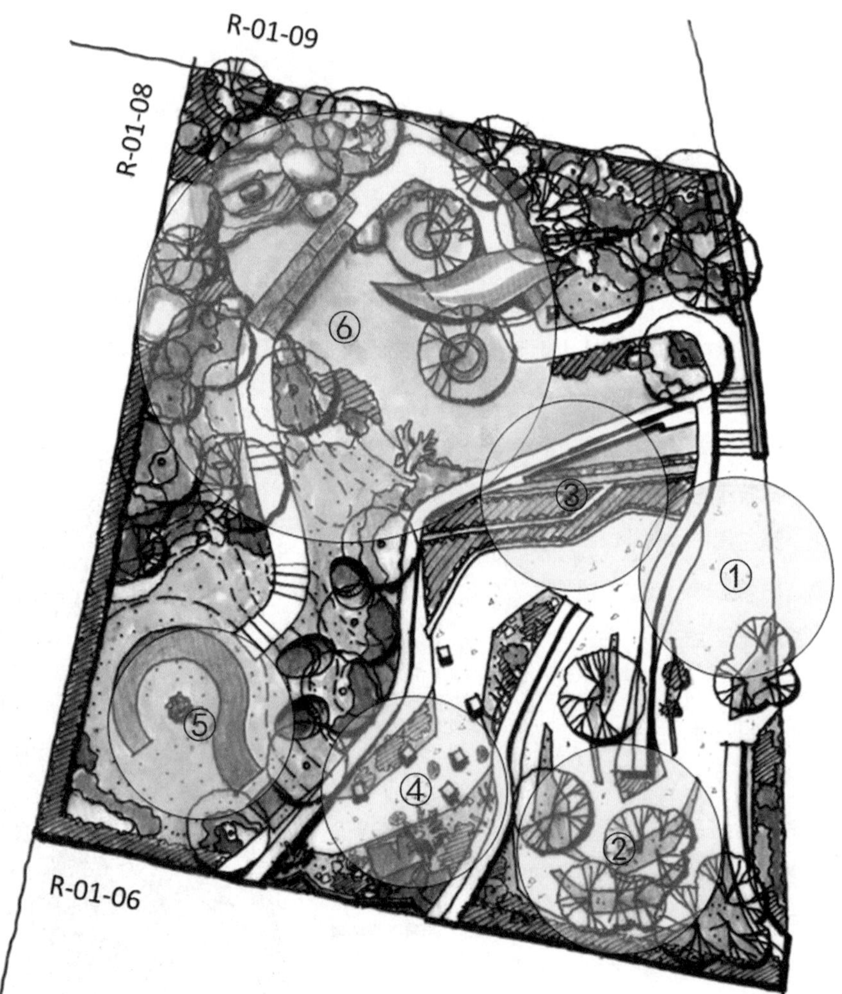

景观功能分区图

总体鸟瞰和模型

混凝土《潮》景墙效果

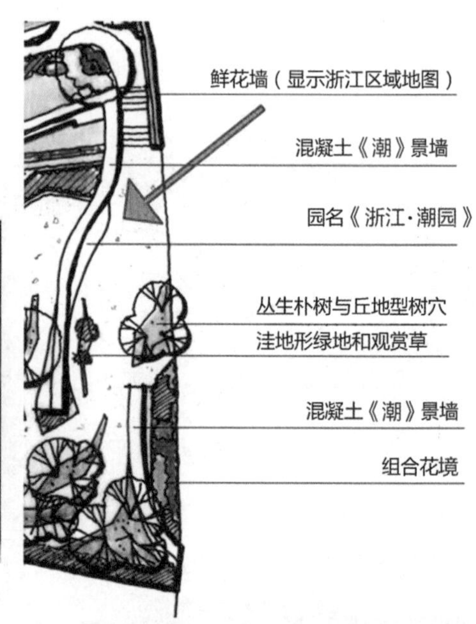

潮园入口平面和入口效果图

土地记忆效果图

农耕印象效果图

自然回归效果图

然回归。设计希望提供类似于电影《阿凡达》内的生态环境。这里有高山流水，平静的水面、丛林、野花以及可以从水底长出的大树……将一片叶子折成一座人类的建筑，室内以触摸显示屏介绍浙江的电商文化。将建筑命名为“阿里巴巴的金叶子淘宝屋”，其含义显而易见。建筑上镂“www.taobao.com”将通过自然光投射到室内墙面。通过此设计赞扬浙江对社会贡献的意义。

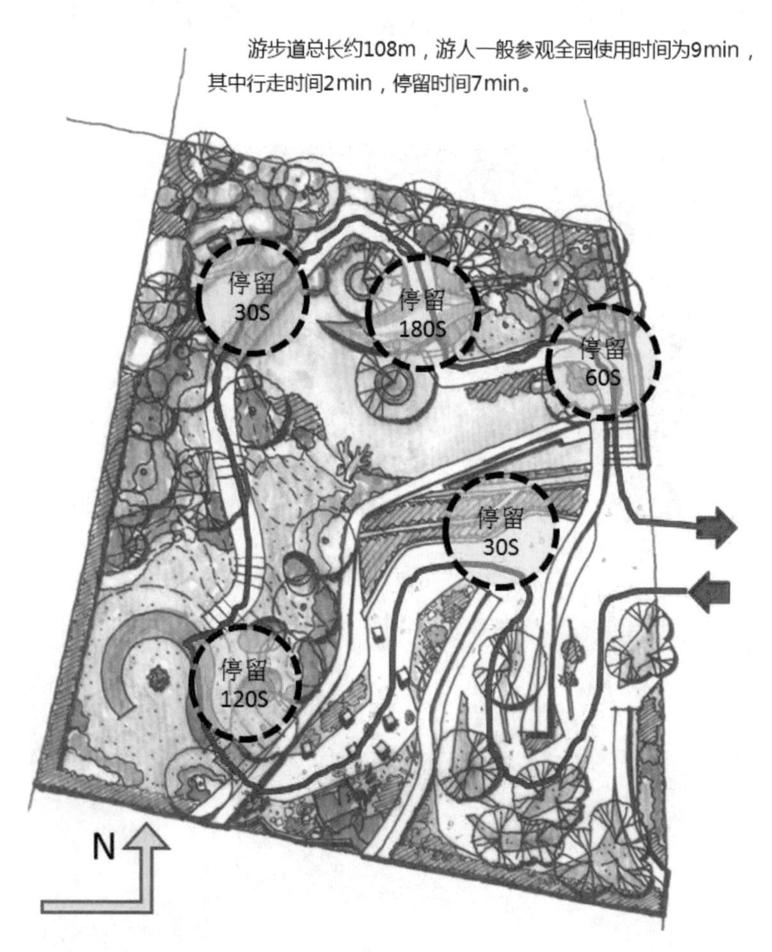

游线组织图

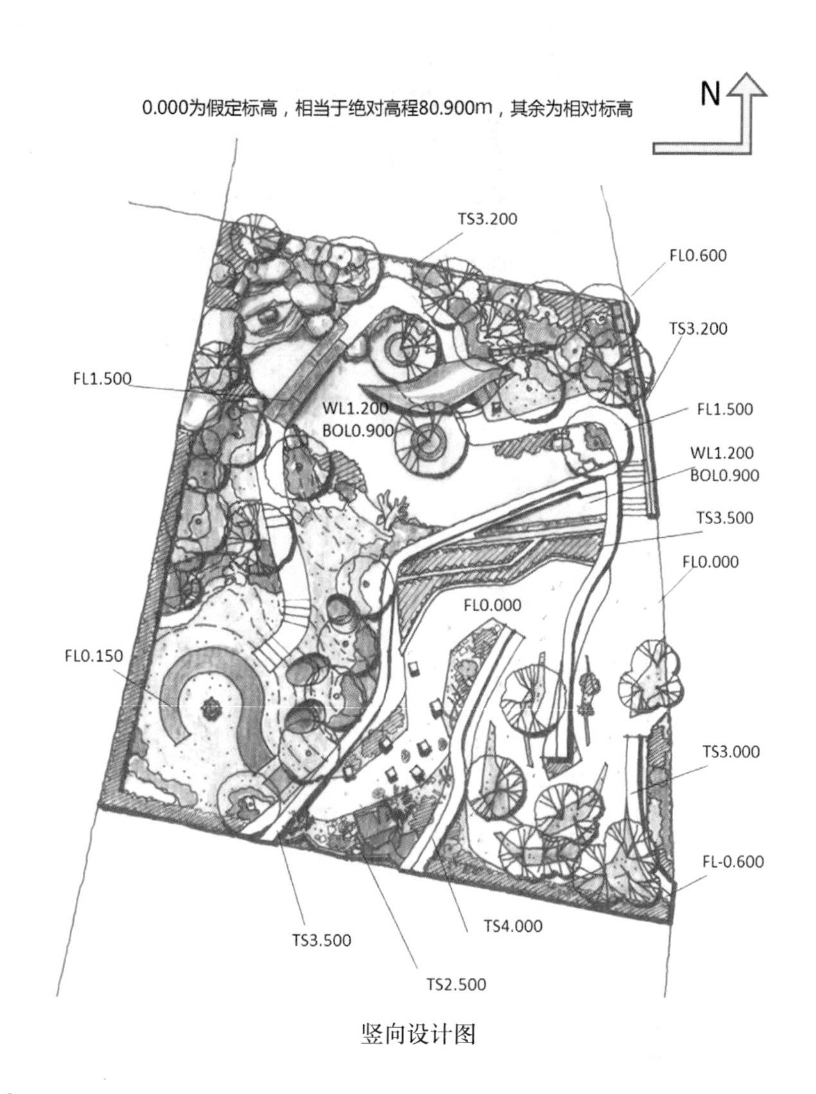

竖向设计图

8.8 医院内庭园景观设计

主设计：张鑫磊 武文婷 常俊丽

江宁医院内庭园四周建筑围合，形成宽 13m、长 18m 的天井式空间，尺度较小。景观设计时要充分考虑功能，利用建筑周边的硬质散水布置道路交通和活动铺装，中部绿地的景观有利于植物的生长。景观布局利用几何规整为主、自然为辅的形式。利用基本的几何形状如三角形、方形和条形控制园林要素。

三角形的大面积铺装上为和平球的涌泉，与左下角的三角形叠泉都通过自然溪流汇入大的水面，5 条石条深入水中，形成景观的变化，条带式的小路联通各个空间，经过溪流时形成平桥。

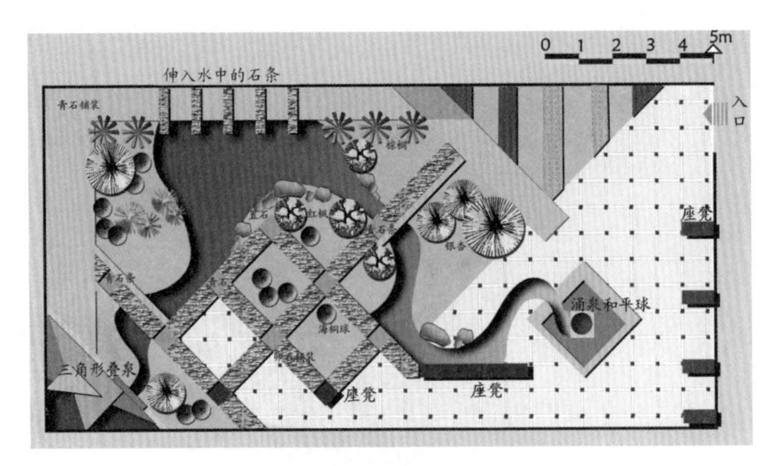

江宁医院内庭园景观设计平面图

8.9 法院庭园景观设计

主设计：张鑫磊 武文婷 常俊丽

法院是在现代国家中职掌审判、解决争议、解释法律、执行司法权的机关。负责审理人与人、人民与政府或政府各部门之间的争议并作出判决，代表法律的公平。治国无法则乱，守法而弗度则悖。

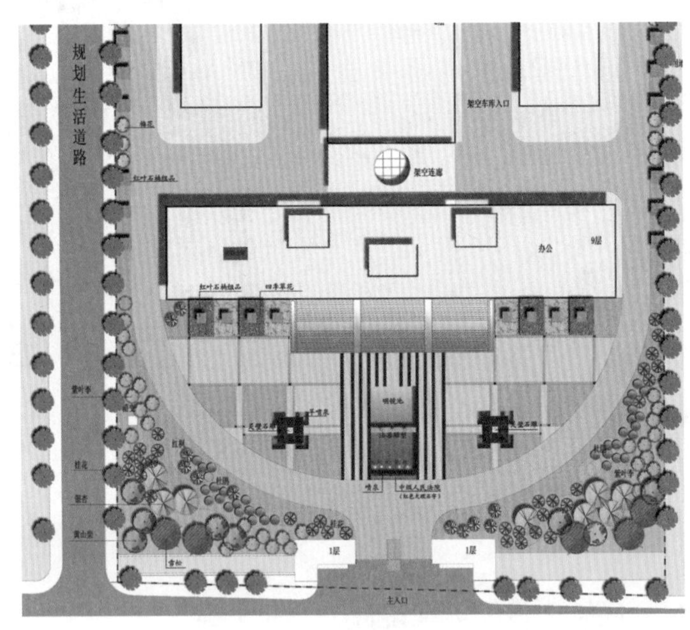

某中级人民法院庭园景观设计平面图

规则的几何形状、均衡的构图形成一架“巨型天平”，象征着法律的公正与公平。庭园中央的明净池作为天平的支架，寓意法律、法度公平如水。明净池中设置法兽雕塑，即解廌，神话传说中的一种神兽，据说它能辨别曲直，在审理案件时，它能用角去触理曲的人。所在的水幕墙，寓意司法公开、断案清明。天平的托盘内以安徽的灵璧石作为主要景观。

绿地中的植物采取密林式布置。绿地以起伏的地形营造草地缓坡景观，种植紫叶李、桂花、银杏、黄山栾树等，阻挡城市道路的噪音和不良空气。

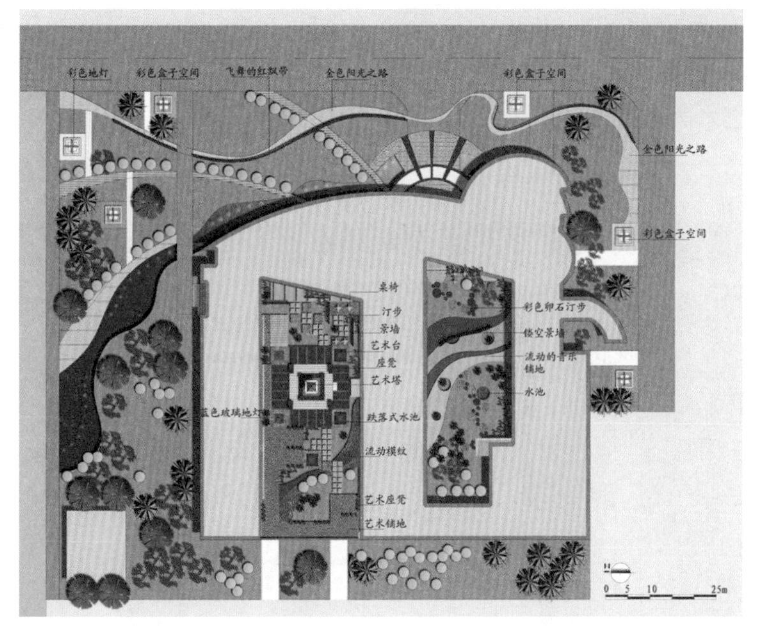

某艺术学院逸夫楼庭园平面图

8.10 大学庭园景观设计（一）

主设计：张鑫磊 武文婷 常俊丽

某艺术学院逸夫楼建筑布局的形式形成两个内庭园空间，即西侧艺术品展览庭园和东侧休闲庭园。西侧庭园以方形为母题向外扩展延伸，方形艺术塔为方形主空间的整体构图中心，其四边配置跌水艺术台。庭园内几何规则式布置园林要素，部分艺术展台结合汀步，展览师生的作品，可以满足学生边走路边欣赏艺术品的功能要求。

某艺术学院逸夫楼庭园效果图

东侧休闲庭园采用色彩流线形成流动的音乐铺地，流线式景墙分隔成大小两个空间，圆形树池种植观赏植物，也可以作为休憩的座凳。西侧庭园利用流线的植被与东侧庭园相呼应。两个庭园的方与圆、规则与自然以及冲击视觉的色彩，形成独特的艺术学院庭园景观。

8.11 大学庭园景观设计（二）

主设计：张鑫磊 常俊丽

音乐学院逸夫楼内庭园为20m×50m的小天井式空间，景观设计采取大的雕塑的造园形式进行营建。

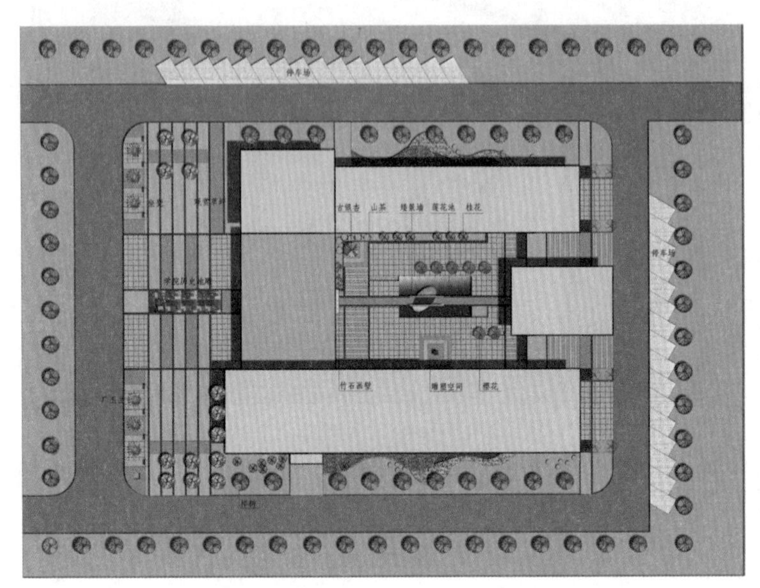

音乐学院逸夫楼内庭园景观设计平面图

几何的形状控制整体空间。矩形的水池为主景，位置偏向北方，使中心道路横穿水池时分隔的水面有大小对比变化，简洁中变化空间景观。池中小岛使道路景观具有绿地、水体两种不同的变化。水池的南侧紧邻建筑墙壁设置雕塑空间，整体铺地为方形，条形绿带上种植日本晚樱。

西北方向的带状绿地种植种类丰富的植物：古银杏、山茶、桂花、棣棠、石蒜、麦冬等，营建四季观赏景观，并且利用矮景墙镶边，描绘学院特色历史。南部绿带采取竹石画壁的主题立意，利用修竹和景石将建筑墙体美化。

8.12 税务局庭园景观设计

主设计：张鑫磊 武文婷 常俊丽

税收犹如涓涓细流、点滴之水汇聚江河。设计旨在传承税收历史文化，传播税收现代文明，展示税收“取之于民、用之于民”。

“井”字形框架下的方形玻璃地面凸显出五组青铜浮雕，反映着古代税收中的重大税制变革，浓缩了整个古代税收历史文化。围绕圆形玻璃地面的四周，鼎立着四根高大的税字柱，象征着税收支撑起国家经济的发展。

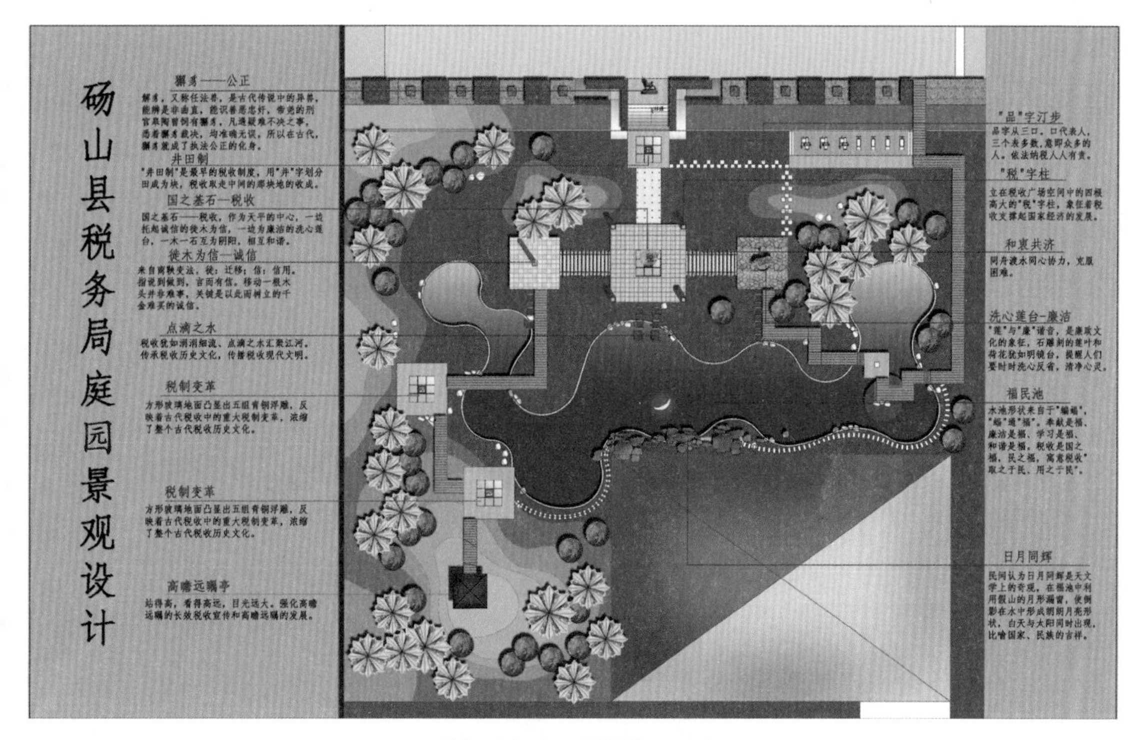

税务局庭园景观设计平面图

“井田制”是最早的税收制度，用“井”字划分田成为块，税收取走中间的那块地的收成。

古体的“法”字写作“灋”，从水，取法平如水之意。

福民池：寓意为造福于民－奉献是福、廉洁是福、学习是福、和谐是福。国之福，民之福，寓意税收“取之于民、用之于民”，还有公平、公正、廉洁、高效之意。

洗心莲台：“莲”与“廉”谐音，是廉政文化的象征，心如明镜台，要时时洗心反省，清净心灵。

日月同辉：民间认为日月同辉是天文学上的奇观，在福池中利用假山的月形漏窗，使倒影形成的朗朗月亮与太阳同时出现，比喻国家、民族的吉祥。

“税”字柱：立在税收广场空间四根高大的“税”字柱，象征着税收支撑起国家经济的发展。

同舟共济：同舟渡水同心协力，克服困难。

国之基石：税收，作为天平的中心，一边托起诚信的徙木为信，一边为廉洁的洗心莲台，一木一石互为阴阳，相互和谐。

参考文献

[1] 徐峰，刘盈，牛泽慧 . 小庭园设计与施工 [M]. 北京：化学工业出版社，2006.

[2] 周武忠 . 庭园设计艺术 [M]. 南京：东南大学出版社，2011.

[3] 李映彤 . 公用庭园 [M]. 南昌：江西科技出版社，2002.

[4] 苏琳，赵伟韬 . 别墅庭园景观的设计原理 [J]. 农业科技与装备，2010(6): 37-39.

[5] 王颖伟，廖飞勇 . 别墅园林景观设计构想及植物配置探析 [J]. 生态与环境工程，2010(8): 182-183.

[6] 李海霞 . 别墅庭院景观设计 [D]. 合肥：合肥工业大学硕士论文 ,2009.

[7] 董存军 . 别墅景观营造研究 [D]. 浙江大学硕士论文 ,2010.

[8] 刘海燕，吕文明 . 论伊斯兰庭园艺术 [J]. 华中建筑 ,2008,26（8）: 220-222.

[9] 章俊华 . 禅宗心灵的表现 - 日本著名景观设计师 " 野俊明及其作品 [J]. 中国园林 ,2001（4）: 78-79.

[10] （美）詹姆斯 · G · 特鲁洛夫编 . 佘高红等译 . 当代国外著名景观设计师作品精选 - 枡野俊明 [M]. 北京：中国建筑工业出版社 ,2002.

[11] http://www. 庭院设计 .com/landscaper/china-2.htm

[12] http://whbbs.soufun.com/2610078660~-1~600/10463455_10463455.htm 世界庭院分类

[13] http://blog.sina.com.cn/s/blog_5e7f6dde0100hem4.html 庭院风格分类

[14] http://blog.sina.com.cn/s/blog_6571e03e0100hgxw.html 别墅庭院设计要点

[15] http://wenwen.soso.com/z/q360082865.htm 庭院景观设计要素

[16] http://blog.sina.com.cn/s/blog_628533840100ozdz.html 庭院绿化的作用

[17] http://homebbs.suzhou.soufun.com/suzhouzxlt~-1~1/14335206_14335206.htm 最新中式庭院作品

[18] http://www.shuaitu.com/landscaper/china-2.htm 中式庭园赏析

[19] http://www.chla.com.cn/htm/2011/0518/85775.html 世园会世界庭院：西班牙伊斯兰园

[20] http://bbs.zhulong.com/detail2921011_1.html 东南亚风格庭园

[21] http://zhuanti.szhome.com/zhuanti/2010/05-26/gydd/ 地中海风格景观

[22] http://www.rss.game.tw/ge/upload/2007_07/070713115582679.jpg 法式庭园景观

[23] http://hz.house.sina.com.cn/scan/2011-10-26/095745433.shtml 绿城蓝庭法式合院

[24] http://home.cq.soufun.com/news/2012-04-24/7528162_all.htm 解读东西文化对庭院的理解

[25] http://house.focus.cn/msgview/1331/177721026.html 中式、美式庭院美景比较

[26] http://www.tygongfang.com/pr01.aspx?id=34 庭园风格

[27] 克里斯托弗·布莱克尔 . 世界园林植物与花卉百科全书 [M]. 河南：科学技术出版社 , 2005.

[28] 魏文信 . 室外照明工程设计手册 [M]. 北京：山西建筑 , 2012.

[29] 夏卿，周海萍 . 草坪汀步石间距初探 [M]. 北京：中国电力出版社 , 2010.

[30] 周文，潘百红，刘贤词 . 园林景观照明设计研究 [J]. 安徽农业科学 ,2007.

[31] 金治 . 浅谈园林景观铺装形式和材料的设计及应用 [J]. 中华民居（下旬刊）,2013.

[32] 宁晶 . 日本茶庭空间特征之分析 [J]. 艺术设计研究 ,2012.

[33] 吴斌 . 水石景及其设计特色——以上海华为技术有限公司庭园水石景营造为例 [J]. 广东园林 , 2012.

[34] 蒋丹 . 绿色植物在室内设计中的应用 [J]. 艺海 ,2014.

[35] 林静 . 枯山水庭园的造园艺术与现代演绎 [J]. 云南艺术学院学报 ,2013.

[36] 徐士福 . 水在城市景观中的应用研究 [D]. 无锡 : 江南大学硕士论文 ,2008.

[37] 国际新景观 . 全球顶尖 10X100 景观 [M]. 武汉：华中科技大学出版社 ,2008.

[38] 宋丹丹 . 住宅景观 [M]. 大连 : 辽宁科学技术出版社 ,2011.

[39] 日本美丽社 . 1000 个创意庭园设计经典案例集粹 [M]. 福州：福建美术出版社 ,2010.

[40] Ddesign & Vision 工作室编 . 世界最新景观创意设计 [M]. 大连 : 大连理工大学出版社 ,2011.

[41] http://baike.baidu.com/view/427865.htm?fr=wordsearch 花架

[42] http://wenku.baidu.com/view/2b1f6dc7aa00b52acfc7cad4.html 花架设计基础知识

[43] http://wenku.baidu.com/view/88a34d1155270722192ef7a8.html 亭构造

[44] http://www.gtleds.com/New-65.html 路灯照明的色彩选择

[45] http://baike.baidu.com/subview/84144/8053752.htm?fr=aladdin 乔木

[46] http://baike.baidu.com/view/148900.htm?fr=wordsearch 水生植物

[47] http://www.docin.com/p-171951904.html 植物造景在现代城市景观中的应用

[48] http://wenku.baidu.com/view/795c7cbb1a37f111f1855b37.html 植物景观设计

[49] http://wenku.baidu.com/view/4e88fcfd941ea76e58fa0473.html 庭园铺装地面设计

[50] http://www.ddyuanlin.com/photo/v50353.html 杭州九溪玫瑰园 TTC 雾森

[51] http://www.huaerman.com/world_garden/2012/1204/612.html 兰特庄园

[52] http://www.nipic.com/show/1/49/4149423k1e64e9c5.html 欧式景墙图片

内容提要

小庭园日益受到人们的重视，人们迫切地希望创造优美的庭园环境来丰富自己的精神和物质生活。本书主要阐述了庭园的相关概念、内涵、分类和发展历程、小庭园景观的空间构成元素和特征、小庭园景观设计原则和要点、小庭园景观要素设计、不同风格庭园的设计特点，收录了国内外小庭园景观设计特色实景案例12个，并收录了原创的特色小庭园景观设计方案12个，其中各具特色和创意的小庭园景观设计图是本书的最大特色和亮点。

本书注重理论性、实用性和指导性，体系完整，内容丰富，案例新颖，图文并茂，具有较强的参考性，可作为景观设计、园林绿化、环境艺术、城市规划、建筑设计等相关设计人员的参考用书，也可供广大群众在营造家居环境时阅读，还可供大中专院校相关专业师生教学参考。

图书在版编目（CIP）数据

小庭园景观设计 / 武文婷，张鑫磊，陈坦赞著. --北京 ：中国水利水电出版社，2014.6
ISBN 978-7-5170-2593-1

Ⅰ. ①小… Ⅱ. ①武… ②张… ③陈… Ⅲ. ①庭院—景观设计 Ⅳ. ①TU986.4

中国版本图书馆CIP数据核字(2014)第229330号

策划编辑：淡智慧 dzh@waterpub.com.cn 010-68545813
责任编辑：陈艳蕊 cyr@waterpub.com.cn 010-68545893

书　　名　小庭园景观设计
作　　者　武文婷 张鑫磊 陈坦赞 著
出版发行　中国水利水电出版社
　　　　　(北京市海淀区玉渊潭南路1号D座 100038)
　　　　　网址: www.waterpub.com.cn
　　　　　E-mail: sales@waterpub.com.cn
　　　　　电话: (010) 68367658 (发行部)
经　　售　北京科水图书销售中心 (零售)
　　　　　电话: (010) 88383994、63202643、68545874
　　　　　全国各地新华书店和相关出版物销售网点

排　　版　北京艺海工作室
印　　刷　北京印匠彩色印刷有限公司
规　　格　170mm×230mm 16开本 10印张 158千字
版　　次　2014年6月第1版 2014年6月第1次印刷
印　　数　0001—2000册
定　　价　42.00元
